蛴螬

地老虎幼虫1

地老虎幼虫2

蚜虫

白粉虱成虫

白粉虱为害状

潜叶蝇为害状1

潜叶蝇为害状2

瓜绢螟幼虫

棉铃虫幼虫

黄守瓜成虫

叶　螨

辣椒猝倒病

西瓜立枯病

黄瓜角斑病

黄瓜霜霉病

小南瓜白粉病

黄瓜瓜疫病

黄瓜灰霉病

黄瓜菌核病

甘蓝菌核病

南瓜菌核病

西瓜枯萎病

西瓜蔓枯病

西瓜嫁接苗2

番茄穴盘苗

辣椒营养钵育苗

辣椒穴盘苗

简易老式塑料大棚西葫芦栽培

简易装配式普通塑料大棚1

简易装配式普通塑料大棚2

连栋式塑料大棚

简易装配式普通塑料大棚黄瓜栽培

简易装配式普通塑料大棚西瓜栽培

简易装配式普通塑料大棚西葫芦栽培

简易装配式普通塑料大棚芹菜栽培

复式装配式钢架棚番茄栽培

复式装配式钢架棚莴笋栽培

单斜面冬暖式塑料大棚1

单斜面冬暖式塑料大棚2

单斜面冬暖式塑料大棚3

单斜面冬暖式塑料大棚4

单斜面冬暖式塑料大棚黄瓜栽培1

单斜面冬暖式塑料大棚黄瓜栽培2

单斜面冬暖式塑料大棚西葫芦栽培1

单斜面冬暖式塑料大棚西葫芦栽培2

单斜面冬暖式塑料大棚番茄栽培1

单斜面冬暖式塑料大棚番茄栽培2

单斜面冬暖式塑料大棚辣椒栽培1

单斜面冬暖式塑料大棚辣椒栽培2

单斜面冬暖式塑料大棚西瓜栽培

单斜面冬暖式塑料大棚茄子栽培

单斜面冬暖式塑料大棚韭菜栽培

现代连栋智能大棚

现代连栋智能大棚茄子无土栽培

现代连栋智能大棚番茄无土栽培

安徽现代农业职业教育集团
服务"三农"系列丛书

Dapeng Shucai Zaipei Shiyong Jishu

大棚蔬菜栽培实用技术

陆晓民 高青海 编著

北京师范大学出版集团
BEIJING NORMAL UNIVERSITY PUBLISHING GROUP
安徽大学出版社

图书在版编目(CIP)数据

大棚蔬菜栽培实用技术/陆晓民,高青海编著. —合肥:安徽大学出版社,2014.1

(安徽现代农业职业教育集团服务"三农"系列丛书)

ISBN 978-7-5664-0664-4

I.①大… II.①陆… ②高… III.①蔬菜—温室栽培 IV.①S626.5

中国版本图书馆 CIP 数据核字(2013)第 293686 号

大棚蔬菜栽培实用技术　　　　　陆晓民　高青海　编著

出版发行：北京师范大学出版集团
　　　　　安徽大学出版社
　　　　　(安徽省合肥市肥西路3号 邮编230039)
　　　　　www.bnupg.com.cn
　　　　　www.ahupress.com.cn
印　　刷：中国科学技术大学印刷厂
经　　销：全国新华书店
开　　本：148mm×210mm
印　　张：4.75
字　　数：135千字
版　　次：2014年1月第1版
印　　次：2014年1月第1次印刷
定　　价：15.00元
ISBN 978-7-5664-0664-4

策划编辑：李　梅　武溪溪	装帧设计：李　军
责任编辑：武溪溪	美术编辑：李　军
责任校对：程中业	责任印制：赵明炎

版权所有　侵权必究
反盗版、侵权举报电话：0551—65106311
外埠邮购电话：0551—65107716
本书如有印装质量问题,请与印制管理部联系调换。
印制管理部电话：0551—65106311

丛书编写领导组

组　长	程　艺			
副组长	江　春	周世其	汪元宏	陈士夫
	金春忠	王林建	程　鹏	黄发友
	谢胜权	赵　洪	胡宝成	马传喜
成　员	刘朝臣	刘　正	王佩刚	袁　文
	储常连	朱　彤	齐建平	梁仁枝
	朱长才	高海根	许维彬	周光明
	赵荣凯	肖扬书	李炳银	肖建荣
	彭光明	王华君	李立虎	

丛书编委会

主　任	刘朝臣	刘　正		
成　员	王立克	汪建飞	李先保	郭　亮
	金光明	张子学	朱礼龙	梁继田
	李大好	季幕寅	王刘明	汪桂生

丛书科学顾问

（按姓氏笔画排序）

王加启　张宝玺　肖世和　陈继兰　袁龙江　储明星

序

解决"三农"问题,是农业现代化乃至工业化、信息化、城镇化建设中的重大课题。实现农业现代化,核心是加强农业职业教育,培养新型农民。当前,存在着农民"想致富缺技术,想学知识缺门路"的状况。为改变这个状况,现代农业职业教育必然要承载起重大的历史使命,着力加强农业科学技术的传播,努力完成培养农业科技人才这个长期的任务。农业科技图书是农业科技最广博、最直接、最有效的载体和媒介,是当前开展"农家书屋"建设的重要组成部分,是帮助农民致富和学习农业生产、经营、管理知识的有效手段。

安徽现代农业职业教育集团组建于2012年,由本科高校、高职院校、县(区)中等职业学校和农业企业、农业合作社等59家理事单位组成。在理事长单位安徽科技学院的牵头组织下,集团成员牢记使命,充分发掘自身在人才、技术、信息等方面的优势,以市场为导向、以资源为基础、以科技为支撑、以推广技术为手段,组织编写了这套服务"三农"系列丛书,全方位服务安徽"三农"发展。本套丛书是落实安徽现代农业职业教育集团服务"三农"、建设美好乡村的重要实践。丛书的编写更是凝聚了集体智慧和力量。承担丛书编写工作的专家,均来自集团成员单位内教学、科研、技术推广一线,具有丰富的农业科技知识和长期指导农业生产实践的经验。

大棚蔬菜栽培实用技术

丛书首批共 22 册,涵盖了农民群众最关心、最需要、最实用的各类农业科技知识。我们殚精竭虑,以新理念、新技术、新政策、新内容,以及丰富的内容、生动的案例、通俗的语言、新颖的编排,为广大农民奉献了一套易懂好用、图文并茂、特色鲜明的知识丛书。

深信本套丛书必将为普及现代农业科技、指导农民解决实际问题、促进农民持续增收、加快新农村建设步伐发挥重要作用,将是奉献给广大农民的科技大餐和精神盛宴,也是推进安徽省农业全面转型和实现农业现代化的加速器和助推器。

当然,这只是一个开端,探索和努力还将继续。

安徽现代农业职业教育集团
2013 年 11 月

前 言

我国主要蔬菜产区的气候特征对蔬菜的生产、供应影响很大,常常出现冬春和夏秋蔬菜季节性短缺。20世纪80年代,普通塑料棚的发展迅猛,使得早春和晚秋的蔬菜供应状况有所好转。20世纪90年代,单斜面冬暖式塑料大棚和遮阳网覆盖栽培技术的广泛应用,缓解了冬春和夏秋两个淡季的供需矛盾。截至2012年底,我国设施蔬菜年种植面积已达400万公顷左右。设施蔬菜生产现已成为我国许多区域的农业支柱产业,对提高农民收入、发展农村经济、保障市民的蔬菜安全供应以及促进农业的可持续发展发挥着重要作用。

俗话说:"宁可三日无荤,不可一日无菜。"大棚蔬菜不仅能为人们提供一定的碳水化合物、蛋白质和脂肪,更是维持人体健康所必需的维生素等生理活性物质、矿物质营养和食用纤维不可替代的来源。优质、安全、多样化的蔬菜供应,满足了城乡居民多层次的消费需求,提高了人们的生活水平。因此,大力发展大棚蔬菜生产是各级政府、蔬菜科技工作者和生产经营者的共同责任。如今,我国政府特别重视设施蔬菜产业的发展,相继出台了一系列的优惠政策,鼓励和扶持人们从事设施蔬菜生产,给发展大棚蔬菜生产带来了前所未有的机遇。

当前,大棚的种类多样,使用其栽培的蔬菜品种繁多。在本书中,我们主要介绍近年来及今后一段时期符合生产实际应用的大棚类型和具有发展前景的瓜类、茄果类、豆类、绿叶菜类等相关蔬菜的栽培技术,力求在良种选择、茬口安排、病虫害防治等方面突出最新科技成果,切实增强大棚蔬菜栽培的实用性和可操作性。

本书中茄果类栽培部分由高青海编写,其他内容由陆晓民编写。在编写过程中,作者参阅了大量的设施蔬菜栽培的相关文献,使用了王军伟博士提供的一些照片,在此一并表示诚挚的谢意。由于编写人员水平有限,书中不足之处在所难免,敬请读者批评指正。

编 者
2013 年 11 月

目　录

第一章　大棚的种类及性能 ………………………………………… 1
　　一、大棚的种类 ……………………………………………………… 1
　　二、大棚的性能 ……………………………………………………… 5

第二章　大棚瓜类蔬菜栽培技术 …………………………………… 10
　　一、黄瓜 ……………………………………………………………… 10
　　二、西葫芦 …………………………………………………………… 22
　　三、西瓜 ……………………………………………………………… 30
　　四、甜瓜 ……………………………………………………………… 39

第三章　大棚茄果类蔬菜栽培技术 ………………………………… 47
　　一、番茄 ……………………………………………………………… 47
　　二、辣椒 ……………………………………………………………… 60
　　三、茄子 ……………………………………………………………… 69

第四章　大棚豆类蔬菜栽培技术 …………………………………… 76
　　一、豇豆 ……………………………………………………………… 76
　　二、菜豆 ……………………………………………………………… 82

第五章　大棚绿叶菜类蔬菜栽培技术 …… 88
一、芹菜 …… 88
二、莴笋 …… 93

第六章　大棚其他类蔬菜栽培技术 …… 96
一、韭菜 …… 96
二、小青菜 …… 99
三、平菇 …… 102
四、香菇 …… 112
五、杏鲍菇 …… 117

第七章　大棚蔬菜主要病虫害识别与防治 …… 121
一、大棚蔬菜主要害虫识别与防治 …… 121
二、大棚蔬菜主要病害识别与防治 …… 128

参考文献 …… 139

第一章 大棚的种类及性能

塑料大棚在我国的应用非常广泛,凡以竹木、水泥制品或钢材等杆材作为骨架,在表面覆盖塑料薄膜,其热量来源(包括夜间)主要来自太阳辐射的大型栽培设施均可称为塑料大棚。它与普通中小棚相比,具有坚固耐用、寿命长、空间大、作业方便、便于环境调控、利于作物生长等优点。目前,大棚的种类繁多,分类标准不一,以下着重介绍我国实用的简易装配式普通塑料大棚(一代棚)、复式装配式钢架棚(二代棚)以及单斜面冬暖式塑料大棚(节能日光温棚)等3种大棚类型。

一、大棚的种类

1. 简易装配式普通塑料大棚(一代棚)

简易装配式普通塑料大棚一般跨度6~8米,矢高2.5~3米,长30~50米,其骨架材料多为钢管,也有水泥预制品。以钢管为骨架材料的大棚,其钢管直径一般为25毫米,管壁厚1.2~1.5毫米。钢管内外镀锌,多由专门厂家生产,为国家定型产品,具有规格统一、装拆方便、空间大、无立柱、作业方便等优点。以水泥预制品为骨架的大棚,水泥预制品宽度一般为10厘米,厚3厘米。简易装配式普通塑料大棚的投资一般为每平方米 10 元左右。这种类型的大棚虽然比普通中小棚及竹木或竹木水泥预制品混合结构大棚坚固,但其抗大风雪能力仍偏弱。

图 1-1　简易装配式普通塑料大棚

2. 复式装配式钢架棚(二代棚)

复式装配式钢架棚是以热镀锌钢管为骨架材料、以耐老化高透光无滴消雾型长效多功能塑料薄膜为覆盖材料、以自然光为光热资源、具有内外两层复式结构和伞形联体支撑系统及良好的冬暖效果和透光效应的装配式塑料大棚。

目前,由安徽省和县生产的 GP-C9532 复式装配式钢架棚的应

图 1-2　GP-C9532 复式装配式钢架棚

用较广,其外棚跨度 9.5 米,顶高 4.0 米,肩高 1.8 米,拱间距 1.0 米,侧倾角 80°,肩角 135°,拱杆入土深度 0.4 米;其内棚跨度 8.9 米,顶高 2.8 米,肩高 1.7 米,拱间距 1.0 米,侧倾角 80°,肩角 125°,拱杆入土深度 0.3 米。内外棚北端面间距 0.5 米,内外棚南端面间距 1.0 米;内外棚同侧边线间距左右均为 0.3 米,中央立柱长 4.4 米,间距 2 米,入土深 0.4 米。其主要用材的规格质量为:外棚拱杆为 φ32×1.2 (即外径 32 毫米,壁厚 1.2 毫米,以下单位同),内棚拱杆为 φ25×

1.2,中央立柱为φ32×1.5,伞骨形斜撑为φ25×1.2,抗风斜撑为φ32×1.2,拉杆为φ25×1.2,卷膜杆为φ22×1.2,内外棚端面立柱为φ25×1.2。压膜槽选用壁厚为0.6毫米以上的压膜槽及配套压膜簧,压膜簧内芯为φ2.65毫米的钢丝,且表面经过高强电泳漆处理,钢管及冲压零件均经热镀锌处理。与简易装配式普通塑料大棚相比,复式装配式钢架棚具有坚固的外棚钢架,其抗风雪能力较强,且保温性能也有很大的提高。但其成本也很高,一般为简易装配式普通塑料大棚的3~4倍。

3.单斜面冬暖式塑料大棚(节能日光温棚)

20世纪80年代初期,我国辽宁省海城和瓦房店首创了不需要加热的单斜面冬暖式塑料大棚(又称节能日光温棚),并在北纬30°~43°地区的严寒冬季,成功地进行了不加温生产黄瓜、番茄等喜温作物,其节能栽培技术居国际领先地位。该技术后经山东寿光率先引进,并在全国广大地区进行大面积的推广应用。单斜面冬暖式塑料大棚经过30余年的发展,其结构不断更新换代,性能越来越好。如今的单斜面冬暖式塑料大棚多以无支柱或少支柱全钢架结构为主,其结构坚固耐用、采光好、通风方便,有利于室内保温和室内作业。无支柱或少支柱全钢架单斜面冬暖式塑料大棚的跨度一般为6~8米,矢高3米左右,墙体为空心砖墙,内填蛭石、珍珠岩、聚苯乙烯泡沫板等保温材料,或以厚土为墙体,前后屋面无支柱或少支柱(钢骨架),有数道花梁横向拉接,拱架间距为80~100厘米。单斜面无支柱或少支柱钢架冬暖式塑料大棚的性能优于复式装配式钢架棚和简易装配式普通塑料大棚,多应用于我国长江以北寒冷地区进行越冬生产。其不仅受寒冬季节的光照及极端气温的影响,还要求生产者必须拥有过硬的技术及强烈的责任心。另外,其投资成本较高,建后不易拆装,一般是简易装配式普通塑料大棚成本的20倍左右。因此,各地应慎重分析当地的地理位置、气候、土质、技术水平、人力与经济条件,方可决定是否开展规模化生产。

图 1-3　单斜面冬暖式塑料大棚

二、大棚的性能

1. 一代棚及二代棚的内环境特点及应用

(1)温度变化特点　覆膜后,棚内的温度变化受薄膜特性的影响很大,棚内温度随着外界气温的升高而升高,随着外界气温的下降而下降。一天之中,棚温随着太阳高度的日变化和外界温度的变化而变化。一般一天最低温度出现在前一天的23时之后和早上9时之前,而最高温度出现在13时左右。上午9时30分后因太阳光线大量进入,棚内气温迅速上升;14时30分以后太阳光线逐渐减少,棚内气温很快下降。棚内存在着明显的季节温差,日温差也较大,越是低温期日温差越大。晴天的温差大于阴天,阴天棚内增温效果不明显。

阴天时上午气温上升缓慢,下午气温下降也慢,日气温变化比较平稳。

春、秋季节棚内温度变化不同,一般春季增温效果比秋季好,温度容易控制,有利于喜温作物生长,而秋季棚内温差加大,温度逐渐降低,并可能出现冷害与冻害。秋季大棚内的气温特点为:8月中旬至9月上旬,白天棚内有可能出现高温危害,夜间温度为生长适温;9月中旬至10月中旬,白天温度适宜,夜间温度偏低;10月下旬至11月下旬,白天温度偏低,夜间温度很低,已不适宜于棚栽喜温作物的生长。一般夜间棚内外气温相差2~6℃,当外界气温在-4~-2℃时,单层棚内会出现冻害。

棚内地温变化规律与棚内气温变化规律基本相同,只是在时间上推迟了约2小时。同时,地温日最高温和最低温出现的时间也比气温推迟约2小时。

(2)光照变化特点 棚中的光照条件弱于外界,其削弱程度不仅受地理位置、季节、天气状况等影响,还与大棚的方位和结构、薄膜的种类及薄膜的受污染程度等多种因素相关。大棚的光照条件虽受多种因素影响,但总体上光照时间分布均匀,没有固定的阴影,可以全面受光,光质也优良。

①不同部位及方向的光照强度。棚内光照强度分布是高处较强,向下逐渐减弱,近地面处最弱。单层膜棚顶以下30厘米处的光照强度为自然光的60%左右;棚中间部位、距地面150厘米处的光照强度为35%左右;近地面的光照强度仅有25%左右。相同高度的空间的光照强度,因大棚的方位不同而有一定的差异。南北延长的大棚水平照度仅差1%左右,而东西延长的大棚则相差20%左右,从光照强度来看,还是南北延长的大棚较好。

②不同棚型及结构对受光的影响。两层膜覆盖比单层膜覆盖受光量减少40%~50%,单栋大棚比连栋大棚受光好,温棚内立柱越少受光越好,拱架较细的温棚受光较好,绳架温棚比杆架温棚的受

光好。

③薄膜对受光的影响。新膜、透明膜、无色膜以及比较薄的膜透光性好,可通过自然光的90%以上。如果受到污染或附有水滴,薄膜的透光率就会下降20%～30%,甚至更多。

(3)湿度变化特点　由于薄膜不透气也不透水,因此塑料大棚有较强的保湿能力,加上地面蒸发和叶面水分蒸腾,棚内湿度含量一般要比露地高得多。大棚内空气相对湿度的变化规律是:棚温升高,相对湿度降低;棚温降低,相对湿度升高。晴天、风天相对湿度低,阴天、雨雪天相对湿度高。一般来说,温度每上升1℃,相对湿度约下降5%。

(4)一代棚及二代棚的应用　简易装配式普通塑料大棚主要用于蔬菜的冬春季和夏秋季育苗、蔬菜的春提早与秋延后栽培或从春到秋的长季节栽培(南方地区夏季去掉裙膜,换上防虫网,再覆盖遮阳网)。

复式装配式钢架棚的性能优于简易装配式普通塑料大棚,前者除了用于蔬菜的冬春季和夏秋季育苗、蔬菜的春提早与秋延后栽培或从春到秋的长季节栽培外,在安徽还可用作皖南地区冬春茬长季节蔬菜的栽培。

2.单斜面冬暖式塑料大棚的内环境特点及应用

(1)光照变化特点　在冬暖式塑料大棚中,垂直方向不同高度的光照强度是不同的,离棚膜越近,光照越强;离棚膜越远,光照越弱。从棚顶到地面垂直递减律约每米下降10%。水平方向的光照强度也不同,一般前部光照强,后部光照弱。在一天之中,上午光照强度增长较快,下午光照强度降低较快。

(2)温度变化特点　冬暖式塑料大棚内的气温和地温都随着外界季节和昼夜温度的变化而变化。

①气温随季节的变化。冬暖式塑料大棚的温度季节变化比普通

大棚明显。棚内极限最低气温一般出现在12月份至翌年2月份,一般为7~8℃。这段时间棚内的平均气温一般为15~22℃,可以说是温棚的低温季节。其他月份均可通过调节光线和温度的措施,把棚内气温控制在15~32℃之间。在大棚的低温季节,棚内外温差为10~30℃;在其他季节,因通风而使棚内外温差变小。在低温季节,可以在棚内栽培对光照和温度要求不严格的蔬菜;在其他季节,可以栽培几乎所有的蔬菜。

②气温日变化。棚内的气温日变化比露地大,最低气温出现在早晨6时,7时后开始升温,最高气温出现在13~14时。15时后开始降温,夜间气温下降平缓。

③地温日变化。地温最高温出现的时间比气温晚2小时,最低温也迟2小时。

(3)**湿度变化特点** 受温度的影响,棚内的空气相对湿度也有明显的周期性变化,其变化周期与温度变化周期正好相反。在夜间温度低时,大棚内空气相对湿度达到饱和状态(100%)。上午随着温度的上升,空气湿度逐渐降低,到了中午气温达到最高时,空气湿度也降到最低值(不通风时一般为50%~60%,通风时则会降到40%)。下午随着温度的下降,大棚内空气相对湿度又开始上升,晚上又达到饱和状态。如果是刚浇过水,大棚内空气湿度也会明显上升。

(4)**通气** 在冬季生产中,冬暖式塑料大棚由于常处于密封状态,棚内空气的成分和含量与棚外不同。这种区别主要表现在两个方面:一是与光合作用有关的二氧化碳浓度;二是肥料分解后产生的氨气以及棚膜释放的某些有毒气体。

①二氧化碳。外界空气中的二氧化碳浓度为0.03%左右,一般变化不大。在棚内,特别是在冬季生产中,二氧化碳浓度变化较大。其日变化规律为:早上在揭开草帘之前,二氧化碳浓度最高,一般在0.045%以上。揭开草帘之后,由于光合作用,使大棚内的二氧化碳浓度迅速下降,中午可降到0.0085%~0.01%。鉴于温度因素,大棚

内一般不通风,这样下午二氧化碳的浓度还会下降,只是下降速度缓慢。盖上草帘后,二氧化碳浓度开始回升,到第二天早晨又达0.045%以上。

②有毒气体。氨气主要来自于碳酸氢铵、尿素等氮素肥料。如果大棚内氨气的浓度超过百万分之五,就会导致棚内植物茎叶坏死,甚至全株枯死。发生的症状是叶或茎呈水烫状,叶缘部分特别严重,并很快变成褐色,最后枯死。冬季,由于大棚密闭,此害最易发生,黄瓜和番茄等最容易受害。

有的棚膜质量不合格,会导致一些有害物质散出。如邻苯二甲酸二异丁酯,它是农用薄膜的增塑剂,黄瓜对其特别敏感,如果棚内空气中该物质的含量达千万分之一时,黄瓜在2天之内就会生长异常、叶身下垂、弯曲、叶片发黄,几天后变白,以致死亡。

(5)土壤 冬暖式塑料大棚的生产周期长,可以周年利用。由于棚内没有雨水的淋溶作用,棚内施用的肥料流失少,而土壤的毛细管作用又会把深层土壤中的盐类带到土壤层,这两个因素作用的结果是表层土壤溶液的浓度增大,当其达到一定浓度时,就会对植物产生危害。受盐害的植物一般表现为植株矮小、发育不良、叶色浓,严重时从叶片开始干枯或变褐色,向内或向外卷,根系变褐色以致枯死。随着大棚使用时间的延长,棚内的盐害会越来越大。

(6)单斜面冬暖式塑料大棚的应用 单斜面冬暖式塑料大棚的性能优于复式装配式钢架棚及简易装配式普通塑料大棚,主要用于我国长江以北地区蔬菜的冬春茬长季节果菜栽培,还可用于春季早熟和秋季延后栽培以及园艺作物育苗等。

第二章
大棚瓜类蔬菜栽培技术

瓜类蔬菜属于葫芦科一年生或多年生草本植物,其种类繁多,果实富含水分、碳水化合物、各种维生素和矿质元素,深受人们的喜爱。利用大棚栽培瓜类,可实现其周年供应,经济效益十分显著。

一、黄　瓜

黄瓜,别名胡瓜、王瓜、青瓜,为葫芦科甜瓜属一年生攀缘性植物。黄瓜营养丰富、气味清香,不仅可鲜食、熟食,还能加工成泡菜、酱菜等,是人们最为喜食的蔬菜之一。黄瓜的品种繁多,适应性较强,分布十分广泛,也是全球性的主要蔬菜之一。

1. 主要生物学特性

(1)植物学特征　黄瓜为浅根系作物,根系的大部分根群分布在表土25厘米土层内,分布浅,根量少,呼吸能力强,木栓化程度高,断根后再生能力差,其茎基部近地面处有形成不定根的能力,喜湿但不耐涝,喜肥但不耐肥。黄瓜的茎蔓生,无限生长,五棱,中空,上有刚毛,含水量大,易折断(裂),6～7片叶后不能直立生长,茎节上有卷须,具有攀缘功能。黄瓜的子叶对生,长椭圆形,真叶呈掌状五角形,互生,叶表面有刺毛和气孔,叶片大而薄,叶色为深绿色或黄绿色,蒸腾能力强,叶腋间有分生侧蔓的能力。黄瓜的花多为单性花,雌雄同株异花,偶尔也出现两性花。雄花较小,一节上簇生多个雄花,少单生;雌花较大,单生或簇生,因品种而异。花通常于清晨开放,雌花有单性结实性,植株上只有雌花而无雄花的为雌性型。黄瓜的果实为瓠果,棒状,其大小、形状、色泽因品种而异,果面光滑或有棱、瘤、刺,刺色有黑、褐、白之分。种子呈扁平椭圆形,黄白色,千粒重22~42克,种子发芽年限4~5年,使用年限2~3年。

(2)生长发育周期

①发芽期。从种子萌动到第一片真叶出现(称为"露真")为发芽期,在适宜条件下发芽期为5~10天。期间主要靠种子储藏的营养供给幼苗出土、生长。子叶展开后逐渐长大,开始进行光合作用,为幼苗提供养分。第一片真叶显露前,当温度偏高、光照弱或苗子过密时,易形成徒长苗。在管理上,此期应提供适当的温度、湿度和足够的光照。

②幼苗期。从"露真"到植株具有4~5片真叶(称为"团棵")为幼苗期,此期有20~30天。此期植株体内分化出大量花芽,生殖生长开始,但仍以营养生长为主,重点是促进根系发育,促进花芽分化和叶面积的扩大。其生育诊断标准为:叶重与茎重比值要大,地上部重与地下部重比值要小,此期为幼苗嫁接的好时期。

③抽蔓期。抽蔓期又称初花期,从定植到第一瓜坐果,约有25天。幼苗期后,黄瓜茎的伸长生长显著加快,表现为甩蔓。另外,花芽继续分化,花数不断增多。此时营养生长与生殖生长并进,在管理上既要促根又要扩大叶面积,确保花芽的数量和质量。其生育诊断标准为:叶重与茎重比值要相对较大,但必须适度,叶不能过于繁茂。

④结果期。从根瓜坐住到植株衰老拉秧为结果期,持续50~180天。此期是决定产量高低的关键时期,在管理上要求不断供应肥水,及时采收。其生育诊断标准为:瓜和秧并茂,保持旺盛生长,持久不衰,立体结果(主蔓和侧蔓的上下枝一起结瓜)。

(3)对环境条件的要求

①温度。黄瓜为喜温作物,其生长发育适温为18~29℃。温度低于12℃时生理活性失调,生长缓慢,低于5℃时停止生长。一般光合作用适温为25~32℃,当温度达35℃时,光合作用与呼吸作用平衡;大于35℃时,呼吸作用消耗大于光合作用积累;大于40℃时生长停止,大于50℃时易发生日灼。

②水分。黄瓜喜湿、怕涝、不耐旱,幼苗期水分不宜过多,初花期要控制水分,结果期需水分较多。利用自根苗栽培时,水分管理以少量多次较为适宜。

③光照。黄瓜为短日照植物,喜光,较耐弱光,8~12小时的日照时间和较低的夜温有利于雌花形成。

④土壤营养。黄瓜喜有机质含量高、疏松透气的土壤,以在肥沃砂壤土中生长最佳。自根苗栽培时,喜肥又不耐肥,施肥时要少量多施,薄肥勤施,基肥以农家肥为主。

2.设施选择与茬口安排

我国南北气候差异较大,常采用普通塑料大棚、复式塑料薄膜大棚进行黄瓜生产。江淮地区,一般早春茬瓜多在1月底至2月中下旬播种育苗,3月上旬左右定植,4月中上旬开始采收,7月底采收结束。延秋茬瓜在7月中下旬育苗或直播,8月中上旬定植,8月下旬到9月上旬开始采收,11月下旬采收结束。采用冬暖式塑料大棚越冬茬长季节栽培时一般多在10月份播种,11月份定植,元旦前后上市,翌年7月份拉秧,而利用其进行春季提早或秋季延后栽培的种植期则分别比普通大棚提早或延后1个月左右。

3.优良品种

适宜设施栽培的黄瓜应为耐弱光、耐寒、抗病、生长势强和连续结瓜能力较强、早熟性好的品种。现将目前生产上主要的栽培良种介绍如下。

(1) **津春 2 号** 早熟,抗白粉病、霜霉病能力强;植株株型紧凑,长势中等,以主蔓结瓜为主,单性结实能力强;瓜条棍棒形,把短,肉厚,深绿色,白刺较密,棱瘤较明显。瓜条长 32 厘米左右,单瓜重 200 克左右,商品性好,每亩①平均产量可达 5000 千克以上。适宜大棚春早熟栽培。

(2) **津春 3 号** 早熟,抗霜霉病、白粉病能力强;植株生长势强,茎粗壮,叶片中等,深绿色;以主蔓结瓜为主,瓜条棒状,有棱,顺直,色绿,刺瘤适中,长 30 厘米左右。单瓜重 200 克左右,瓜条口味较佳,每亩平均产量达 5000 千克以上。适宜冬暖式塑料薄膜大棚越冬栽培。

(3) **津春 4 号** 早熟,耐寒,抗霜霉病、白粉病、枯萎病能力强;植株生长势强,主蔓和侧蔓均有结瓜能力,以主蔓结瓜为主,且有回头瓜。瓜条棍棒形,白刺,略有棱,瘤明显,长 30~35 厘米,绿色偏深,肉厚,质密,脆甜,品质良好,每亩平均产量可达 5000 千克以上。适宜大棚春早熟及秋延后栽培。

(4) **津优 1 号** 早熟,抗霜霉病、白粉病和枯萎病能力强,耐低温、耐弱光能力强;植株紧凑,长势强,叶深绿色,以主蔓结瓜为主。第一雌花着生在第 3~4 节,雌花节率 40% 左右,回头瓜多;瓜条顺直,把短,深绿色,有光泽,瘤显著密生白刺,长 36 厘米左右;单瓜重 250 克左右,瓜心腔较细,商品性好,果肉浅绿色,质脆,无苦味,品质优,每亩平均产量为 5000~6000 千克。适宜大棚春早熟及秋延后栽培。

(5) **津优 2 号** 抗病丰产,耐低温和弱光;植株生长势强,茎粗壮,叶片肥大,深绿色,分枝中等,以主蔓结瓜为主;瓜码密,单性结实能力强,瓜条生长速度快,不易化瓜,一般在夜温 11~13℃时可正常生长;瓜条长棒状,深绿色,刺瘤中等,白刺,单瓜长 35 厘米,重 200

---

① 1 亩约等于 666.7 米^2。

克，品味佳，商品性好。宜早春和秋延后大棚栽培。

(6) **津优 3 号**　早熟，抗枯萎病、白粉病和霜霉病，耐低温、耐弱光；植株生长势较强，叶色深绿，分枝较少；以主蔓结瓜为主，第一雌花着生于第 4 节，雌花节率 50% 左右；瓜条棒状、顺直，瓜长 30 厘米左右，单瓜重 150 克。瓜把短，果肉厚，绿白色，质脆，商品性优。适合早春大棚栽培。

(7) **津优 31 号**　植株生长势强，茎秆粗壮，叶片中等，以主蔓结瓜为主，瓜码密，回头瓜多；对黄瓜霜霉病、白粉病、枯萎病、黑星病具有较强的抵抗能力，耐低温、耐弱光能力强；瓜条顺直，长棒形，长约 33 厘米，深绿色，有光泽，瓜把短，刺瘤明显，单瓜重约 180 克，心腔小，质脆，味甜，商品性状好；生长期长，不早衰。适宜冬暖式塑料薄膜大棚越冬栽培。

(8) **津优 32 号**　植株长势中等，侧枝较少，对霜霉病、白粉病、枯萎病、黑星病具有较强的抵抗能力，瓜条棒状，顺直，心腔小；果肉淡绿色，质脆，味甜，品质优，维生素 C 含量高，耐低温、耐弱光能力强，生长后期耐高温，丰产性好。适合冬暖式塑料薄膜大棚越冬茬栽培。

(9) **津优 35 号**　早熟，耐低温、耐弱光，抗霜霉病、白粉病、枯萎病；植株长势中等，以主蔓结瓜为主；瓜码密，回头瓜多，瓜条生长速度快，顺直，皮色深绿，光泽度好，瓜把短，刺密，无棱，瘤小；单瓜重 200 克左右，果肉淡绿色，商品性佳。适宜冬暖式塑料薄膜大棚越冬茬及早春茬栽培。

(10) **津优 38 号**　耐低温、耐弱光能力强，高抗枯萎病，中抗霜霉病和白粉病；植株长势中等，叶片中等大小，株形好，以主蔓结瓜为主，第一雌花约生在第 5 节，雌花节率 50% 左右；瓜条商品性好，瓜条长棒状、顺直、畸形瓜少，瓜条长度 32 厘米左右，单瓜重 180 克左右，瓜色亮绿，刺密，瘤适中，瓜把中等；瓜条生长速度快，持续结瓜能力强，不歇秧，总产量比津优 3 号高 25% 左右。适合早春大棚栽培。

(11) **中农 21 号**　早熟，耐低温、耐弱光能力强，生长势强，以主

第二章 大棚瓜类蔬菜栽培技术

蔓结瓜为主,第一雌花始于主蔓第4～6节;瓜长棒形,瓜色深绿,瘤小,白刺密,瓜长35厘米左右,瓜粗3厘米左右,单瓜重约200克,商品瓜率高;抗枯萎病、黑星病、细菌性角斑病、白粉病等。适宜冬暖式塑料薄膜大棚长季节栽培。

(12)**中农29号** 全雌型杂一代,植株生长势强,分枝较多,顶端优势突出,节间短粗;第一雌花着生于主蔓第1～2节,其后节节有雌花,连续坐果能力强;瓜短筒形,瓜色绿、均匀一致,瓜长13～15厘米,果实表面光滑无刺;单瓜重约80克,口感脆甜,商品瓜率高,具有很强的耐低温和弱光能力。适宜春、秋保护地栽培。

(13)**中农19号** 水果黄瓜,长势和分枝性极强,顶端优势突出,节间短粗;第一雌花始于主蔓第1～2节,其后节节有雌花,连续坐果能力强;瓜短筒形,瓜色亮绿一致,无花纹,果面光滑,易清洗;瓜长15～20厘米,单瓜重约100克,口感脆甜;抗枯萎病、黑星病、霜霉病和白粉病等,耐低温和弱光能力强。适宜春、秋保护地栽培。

(14)**碧维斯** 水果黄瓜新品种,特早熟,雌性系,果长15～16厘米,色泽亮绿,光滑无刺,瓜条顺直,高产,抗病。适宜春、秋保护地栽培。

(15)**戴多星** 水果黄瓜,耐低温、弱光等不良条件,抗病性较强,丰产性好;强雌性,以主蔓结瓜为主,瓜码密,瓜长14～16厘米,横径2.5厘米,无刺无瘤,瓜皮薄、翠绿色、有光泽,口感脆嫩,品质好。适宜春、秋保护地栽培。

(16)**白贵妃** 全雌性无刺型水果黄瓜;植株生长整齐健壮,节间短,每节可坐瓜,瓜表皮为白色,瓜长约15厘米,直径约2.5厘米,瓜条圆柱形,无刺、无瘤,易清洗,口感甜脆,清香爽口,品质极佳,适宜生食;较耐低温、弱光,抗病性较强。适宜在春、秋、冬等季节保护地栽培,不适宜在露地种植。

(17)**京研迷你4号** 水果黄瓜,抗霜霉病、白粉病及枯萎病,耐角斑病,耐低温、弱光,抗寒性好;长势较强,小果型,全雌,瓜长12～

14厘米,亮绿色,有光泽,无刺瘤,瓜把不明显,瓜条顺直;单性结实能力强,不易早衰。适于冬温室和春、秋保护地栽培。

(18)**金碧春秋** 全雌性无刺型水果黄瓜,极早熟,单性结实率高,果实长15~20厘米,粗3厘米左右,抗白粉病、病霜霉。适于春早熟栽培。

4.大棚黄瓜栽培技术要点

(1)大棚黄瓜春提早、秋延后栽培技术要点

①育苗。黄瓜幼苗期根系小而浅、再生能力弱、易老化。为有效保护其根系,应采用塑料营养钵、穴盘、纸袋等进行育苗,目前个体生产以营养钵育苗较为普遍。

塑料营养钵规格。营养钵规格类型有多种,常用的有9厘米×9厘米和10厘米×10厘米2种。使用大些的营养钵,可防止在育大苗时老叶片相互遮光,能增加株间进光量,控制秧苗旺长。使用薄膜营养钵时,一般采用由很薄的地膜制成的薄膜袋,规格同塑料营养钵。但因薄膜柔软,不易装土,并且定植时要把袋撕破,因此薄膜营养钵属于一次性用品。

营养土配制。营养土应富含有机质及氮、磷、钾等营养元素,营养要充分、完全,并具有良好的通气性和保水、保肥性能,中性至微酸性,并且不含土传性病菌及虫卵,疏松又具一定的黏性,在幼苗移栽时不易散坨。营养土的配比为:肥沃的优质大田土6份、充分腐熟的有机肥3份、存年炉渣灰1份,或肥沃的大田土6份、充分腐熟的有机肥4份。混匀后过筛,每立方米再加入三元复合肥2千克(或加入10千克腐熟鸡粪、过磷酸钙3千克、草木灰10千克)、50%多菌灵100~150克,混匀后装入育苗钵中。

播种与苗期管理。种子播前要经过浸种、消毒与催芽处理。可将种子放入55℃的温水中浸泡烫种10~15分钟,并不断搅拌。待水温降到30℃时,继续浸泡直至其吸足水分,然后捞出,用湿纱布包好,放在30℃左右的条件下催芽,当种子胚根伸出露白时即可播种。播种前先准备好营养钵,播种时浇透水,再浇一遍50%敌克松可湿性粉剂800倍溶液,每个营养钵播1粒发芽的黄瓜种子,覆土1～1.5厘米厚,再覆上地膜。冬、春季育苗的应在上面加小拱棚,必要时夜间小拱棚上再加盖草苫。待出苗后撤掉地膜。利用温床提前加温时,当温度稳定在15℃以上方可播种。播种后白天气温保持在28～32℃,夜间17～20℃。出苗后应适当降温,白天气温22～25℃,夜间15～17℃,防止徒长。待真叶出现后应适当提温,白天气温25～28℃,夜间17～19℃,当棚温大于28℃时可通风。育苗期内一般不再浇大水,若苗床干旱需要浇水时,可于晴天上午喷洒水,并注意通风排湿,严防苗床湿度过大。及时防治病虫害,待苗长到3叶1心时可选壮苗进行移栽。移栽前7～10天应进行炼苗,以提高幼苗的适应性能和移栽后的成活率。

②定植时期和方法。对于春提早栽培,当棚内最低气温稳定通过8～10℃、10厘米土温稳定通过10℃时,可选择晴天进行定植。对于秋延迟栽培,应选择阴天或晴天傍晚进行定植,以利成活。定植前及时进行整地施肥,一般每亩施入复合肥50千克、磷酸二铵30千克、腐熟的有机肥5000千克,深翻、细耙、做垄,春提早栽培的应加盖地膜。选择叶色浓绿、茎秆粗壮、大小一致、无病虫害的壮苗带土定植。定植时株距30厘米左右,宽行距80厘米左右,窄行距50厘米左右。

③温湿度管理。定植后1周左右为缓苗期,春早熟栽培的以保温为主,期间一般不进行通风,以尽量提高棚内的地温和气温,保持白天30℃左右,夜间15℃左右,若温度过高可适当通风。黄瓜生长期间尽量保持白天25～30℃,夜间10～15℃。阴天和晴天中午应适当通风排湿,严控棚内湿度过大。如遇早春寒流天气,要注意保温,以避免遭受冷害和寒流的袭击。秋延迟栽培的则要前期严防高温,后期及时盖膜进行增温和保温。

④肥水管理。黄瓜自身的根系弱,吸收能力差,其喜肥而又不耐

肥。对于采用自根苗栽培的黄瓜,追肥应按照"少量多次、薄肥勤施"的原则进行。缓苗后至采瓜期,可前轻后重、分次进行追肥,前期以氮肥、磷肥为主,后期以氮肥、钾肥为主。进入采收期,每次浇水都应适当追肥,并经常保持地皮湿润。由于黄瓜根系浅、不耐旱,一般在根瓜坐稳前不进行浇水,缓苗期后应看天、看土、看苗进行灵活浇水。浇水时应促控结合,严防瓜秧徒长。前期小灌,以水过地皮干为度;中期适当灌,以水过地皮湿为度;后期大水漫灌。晴天上午灌水,下午通风;阴天一般不灌水,土壤湿度在50%以下时灌水。每次在产量高峰期摘瓜后,可结合追肥灌水。

⑤植株调整。定植后待黄瓜植株30厘米左右时,应及时插架绑蔓。可用竹竿作架材,也可采用吊绳,一株使用一竿或一绳。绳的上端系在顶架或事先拉好的铁丝上,下端用小树枝固定插于黄瓜根部,随瓜蔓的生长适时缠绕固定。对于以主蔓结瓜为主的品种,应及时去除所有侧蔓,以防养分的损耗。为改善通风透光条件,应及时摘除主蔓以下的老叶、黄叶、病虫叶,同时去除雄花和卷须。当主蔓生长到一定阶段时,可依据具体情况进行摘心,以促进结回头瓜。

⑥采收。黄瓜以幼嫩的果实作为产品,应适时进行采收。黄瓜生长前期,其瓜秧幼小,基部的第一批根瓜应当尽早采收,以缓解植株营养生长与生殖生长的矛盾,利于植株进入生殖生长旺期,促进中上部的瓜条迅速生长。到了结瓜中后期,要使瓜条长足时采收,瓜条可适当大些,以利高产。到了结瓜后期,植株已衰老,应及早摘除已出现的畸形果,使营养集中供应正常瓜条。

(2)大棚黄瓜越冬栽培技术要点 在安徽皖南地区,常采用复式塑料大棚进行大棚越冬茬黄瓜生产,而在江淮地区采用冬暖式塑料大棚进行越冬茬黄瓜长季节栽培。

①育苗。越冬茬黄瓜长季节栽培一般采用嫁接苗进行栽培。

嫁接的作用。嫁接具有增强抗低温能力、预防枯萎病和疫病、克服连作障碍、促进植株生长和增加产量的作用。

第二章 大棚瓜类蔬菜栽培技术

嫁接的砧木。目前用于黄瓜嫁接栽培的优良砧木主要有黑籽南瓜、白籽南瓜,其根系发达,与黄瓜的亲和力高,且嫁接后不影响黄瓜的品质。

嫁接的方法。嫁接的方法很多,以前多采用靠接法,如今多采用插接法。

靠接法。采用此法时,一般黄瓜苗要先于砧木苗5~7天播种于事先准备好的育苗床内。当黄瓜苗第一片真叶初展至硬币大小、南瓜苗子叶展平时,先取砧木幼苗,用竹签或刀片去掉顶尖处的生长点,保留2片完好的子叶,用刀片在茎上距离子叶1厘米处自上而下切一斜口,斜度应与下胚轴轴心线呈30°~40°角,长0.6~1.0厘米,深度达到茎粗的2/3,被切开的部分呈舌状。然后再取黄瓜幼苗,在其某个子叶的正下方1.5厘米处自下而上斜切0.6~0.8厘米长的切口,斜度应与下胚轴轴心线呈20°~30°角,被切开部分也呈舌状。然后把黄瓜的舌状部分插入砧木的切口内,使两个舌状部分吻合,两苗子叶呈十字形,用嫁接夹夹好。注意夹时黄瓜苗在里面,砧木苗在外面。最后将嫁接苗栽入营养钵或移植到苗床内。

插接法。采用此法时,一般砧木苗要先于黄瓜苗3~5天播种于营养钵或穴盘内。当砧木苗子叶展平吐心时,将黄瓜播种于育苗床内。待黄瓜苗子叶展平,将大小合适的砧木苗的生长点拿掉或切除,然后用一端带尖、粗度与黄瓜下胚轴粗度适应的竹签,在除去生长点靠一片子叶侧斜插一个深5~8毫米的孔,竹签不要穿破表皮。再取黄瓜苗,在子叶下1厘米处向下斜切一刀(刀片与苗茎成30°角),然后以相同的方法在另一侧切第二刀,把茎削成楔形,拔出竹签,插入接穗。或者用拇指和食指捏住黄瓜2片叶,使刀片与接穗呈30°角,在子叶基部1厘米处向下削成一个斜面,切口长0.5厘米,取出砧木苗上的竹签,将接穗插入,使砧木子叶与黄瓜的子叶呈十字形。

嫁接后的管理。嫁接后5~8天为愈合期,此时为成活的关键时期。要求温度白天22~30℃,夜晚18~22℃,湿度在90%以上,先遮光,后逐渐见光。接口愈合后,应降低空气湿度至60%～85%,并增加昼夜温差,进行壮苗锻炼,一般白天25～30℃,夜间10～15℃。及时除去接口固定夹,摘除砧木新叶,去除假成活和未成活苗,防治好苗期病虫害。靠接的还要在接后10～13天进行及时断根,一般嫁接苗的苗龄达40～45天、苗长到3叶1心时便可选壮苗进行移栽。

注意事项。嫁接苗成功的主要因素如下所述。

· 选用适宜的嫁接方法。嫁接方法很多,生产上以靠接法与插接法为主,靠接法管理较粗放,插接法要求较严格。插接法为现在主要的嫁接方式。

· 接穗与砧木的亲和力要强。

· 苗龄、大小相配。靠接时接穗与砧木的下胚轴粗细匹配,插接的砧木稍大而接穗稍小,且黄瓜嫁接应在子叶长大前进行。

· 插孔方式。插接的应斜插,深度为0.7～1厘米,刺破茎内肉至表皮。

· 伤口切面要大,长0.5厘米以上,接后接穗与砧木的子叶呈十字形。

· 嫁接后白天温度最好为25～30℃,15℃以下难以存活。

· 嫁接后湿度按先高后低管理。

· 嫁接后光照按循序渐进、逐渐加强管理。

· 及时除去砧木萌芽,严防养分竞争。

· 切口不能进水,以防形成水膜,影响伤口愈合。

· 切口不能有泥,以防形成夹层,影响伤口愈合。

· 及时进行病虫害防治,如潜叶蝇、蚜虫、立枯病、根腐病等。

②定植时期和方法。在长江以北地区,利用冬暖式塑料薄膜大棚进行黄瓜生产,除采用春提早、秋延迟等方式生产外,多采用越冬—大茬栽培方式。黄瓜是喜肥作物,由于冬暖式塑料薄膜大棚黄瓜的生长时间较长,且多采用嫁接栽培,因此必须重施基肥。定植前结合整地每亩施充分腐熟的有机肥10000千克以上(或腐熟的鸡粪

第二章 大棚瓜类蔬菜栽培技术

5000千克以上)、三元复合肥50千克,深翻细耙,整平地面。采用越冬—大茬方式栽培的多选择在9~10月份播种,10~11月份选择晴天下午定植。定植前一天,为防止在移栽时伤根,可将苗床浇一次水。栽植时按南北向、大小行开沟,大行距80厘米,小行距40厘米。沟开好后,按株距27厘米左右先浇水再定植,栽植完后扶好垄,使垄高15~20厘米。越冬栽培的一定要覆盖好地膜,掏出定植苗,并在小行距膜下浇足水。由于冬暖式塑料薄膜大棚多采用嫁接栽培,对于靠接的嫁接苗,在培土起垄时切不要将嫁接接口埋到土内,应使其离开地面2厘米以上,严防接穗产生不定根下扎到土壤里,以防引起病害。

③温湿度管理。温湿度管理是冬暖式塑料薄膜大棚黄瓜生产成败的关键。定植后7~10天为缓苗期,一般不通风。缓苗后,白天最高温度不超过25℃,夜间维持在10~12℃。缓苗后应及时通风,严防黄瓜植株旺长。严冬前,棚内温度达到适温下限时应盖好,并防止夜温过高。深冬时,一般不通风,若棚温超过30℃,可在中午前后进行短时间通风,用于降温、降湿、换气。连续阴天时注意保温。春季气温回升后,加强通风及揭盖草苫(保温被)来控制大棚温湿度。

④肥水管理。采用冬暖式塑料薄膜大棚栽培黄瓜,要施足基肥,在定植后至深冬季节一般不再进行追肥,但可视生长情况定期采用0.3%磷酸二氢钾加0.5%尿素溶液进行叶面追肥。一般在根瓜坐稳前进行浇水,根瓜采收后可视具体情况进行膜下灌溉。到了深冬时,由于大棚内气温低,植株生长缓慢,一般不旱不浇水,以控为主。如果需要浇水,可选择晴天上午,将两小垄间的地膜掀开,在膜下浇小水,午后提前盖苫,次日及以后几天,加强通风排湿,以保证植株安全度过严冬时节,有条件的可进行膜下滴灌。深冬期间,黄瓜夜间呼吸放出二氧化碳,使棚内二氧化碳浓度提高;白天日出后黄瓜进行光合作用,由于气温低不能进行通风换气,有时棚内二氧化碳浓度会迅速降低。为促进棚内黄瓜上午的光合作用,可采用碳酸氢铵与浓硫酸的化学反应或干冰进行人工二氧化碳施肥,以提高棚内二氧化碳浓

度,促进黄瓜生长,提高其抗性、产量和品质。深冬过后,随着气温的升高,进入结瓜盛期,植株需肥量增大,应每隔5~7天浇1次水,每2次浇水之间追1次肥,同时每亩随水施尿素10千克或磷酸氢二铵15千克。最好是多次少量施肥,一次施氮肥过多反而易造成肥害,表现为叶片过大且颜色浓绿,不利于黄瓜正常生长。

⑤植株调整与保花保果。冬暖式塑料薄膜大棚黄瓜的生长时间较长,应采用绳吊蔓,一株一绳,先将上端系在事先拉好的铁丝上,再将其下端直接系在黄瓜根部,用小树枝固定。用吊绳将黄瓜的蔓缠绕固定,并随瓜蔓的生长适时固定,调整瓜秧龙头,南低北高呈梯形,待瓜秧生长至棚顶时,进行落蔓。以主蔓结瓜为主的品种,为防止养分损耗和改善通风透光条件,应及时去除侧蔓及主蔓以下的老叶、黄叶、病虫叶,同时去除雄花和卷须。冬季气温低,为防止落花落果,可采用防落素和赤霉素混合液进行喷洒。

⑥采收。采收最好在早晨进行,应轻采轻放,使黄瓜顶花带刺,保持新鲜。

二、西葫芦

西葫芦又名美洲南瓜、茭瓜,是南瓜的变种,为葫芦科南瓜属的一种,其果实呈圆筒形,果形较小,果面平滑,以采摘嫩果供食用。西葫芦因皮薄、肉厚、汁多、可荤可素、可菜可馅而深受人们喜爱。

1. 主要生物学特性

(1)植物学特征 西葫芦的根系发达,其主根入土深度近2米,大部分根群分布在表土10~30厘米范围内,侧根水平伸展度可达40~80厘米。西葫芦的主蔓分枝性强,具有不明显的棱,上生白色茸毛。西葫芦叶片硕大,互生,粗糙,叶柄中空,无托叶。西葫芦的花生于叶腋处,单生,同株异花,子房下位,果实多长圆筒形,其形状、大小及色泽因品种而异。种子浅黄色,千粒重150~200克,种子发芽年限3~4年,使用年限1~2年。

(2)对环境条件的要求

①温度。西葫芦生长发育适温为18~22℃,种子发芽适温为25~30℃,开花坐瓜期适温为22~25℃。温度低于15℃时授粉不良,高于32℃时花器不能正常发育,低于14℃或高于40℃时生长停滞。

②水分。西葫芦吸水及抗旱能力强,喜土壤湿润而空气干燥的环境。结瓜前期水分不宜过大,防止徒长。瓜膨大期需水量大,应加强水分供应,同时注意排湿,以避免病害流行。

③光照。西葫芦在幼苗期需要充足光照,进入结瓜盛期,更需要强光。短日照有利于雌花形成,弱光易引起化瓜。

④土壤营养。西葫芦根系吸收力强,对土壤要求不严,以疏松透气、保肥保水力强的壤土为好,喜微酸性土壤,适宜的pH为5.5~6.8。生长期间应注意氮肥的施用,严防植株徒长。

2.设施选择与茬口安排

茬口安排取决于当地的气候条件及设施的选择。可采用普通塑料薄膜大棚、复式塑料薄膜大棚进行西葫芦生产。一般江淮地区早春茬西葫芦于1月底至2月中下旬播种育苗,3月上旬左右定植,4月中上旬开始采收,6月底采收结束;延秋茬西葫芦在8月中下旬直播,9月中下旬开始采收,11月下旬采收结束。采用冬暖式塑料薄膜大棚进行越冬茬长季节栽培,一般多于10月份播种,11月份定植,元旦前后上市,来年7月份拉秧。利用复式塑料薄膜大棚进行春季早熟栽培可比普通大棚提早定植1个月左右,秋季延后栽培的采收期则比普通大棚延后1个月左右。

3.优良品种

适宜设施栽培的西葫芦优良品种应具备耐低温、耐弱光、抗病、生长势强和连续结瓜能力较强、早熟性好等特点。目前,生产上耐弱光的品种较少。适于设施栽培的主要品种有以下多种。

(1)**早青一代** 早熟,抗病毒能力中等;结瓜性能好,可同时结2~3个瓜;瓜长筒形,嫩瓜皮色浅绿;株形矮小,适宜密植;每亩产量达5000千克。

(2)**改良早青** 早熟,播种后40天可采摘重250克以上的嫩瓜;结瓜性能好,雌花多,瓜码密,在同一株上可同时结3~4个瓜,而且均能膨大长成,连续坐果率高,亩产5500千克以上;植株长势强,抗病、丰产。

(3)**碧玉** 中早熟品种,抗病,适应性广,抗逆性强,短蔓,嫩瓜播后45天上市;瓜码密,连续坐果能力强;瓜圆筒形,细长均匀,皮色乳白带有浅绿斑纹,嫩瓜条长20~22厘米,粗6~8厘米,耐储运,商品性极佳。

(4)**长青王1号** 极早熟,第一雌花出现在第5~6节;抗病性强,高抗病毒病和霜霉病,耐白粉病;结瓜性能好,稳产高产;雌花多,瓜码密,每株3~4瓜可同时生长;商品性状好,瓜为长棒形,绿色,上覆细密白色斑点,粗细均匀,鲜嫩美观;瓜肉细腻,可做特菜,适宜生调。

(5)**长青2号** 极早熟一代杂交种,播种后35~37天可采摘250克以上的商品瓜;植株属短蔓直立性品种,生长势强,很少有侧枝,尤其适合各种保护地栽培;雌花多、瓜码密、连续结瓜能力强,丰产性好,一般每亩产量在6500千克以上;瓜长筒形,上下粗细均匀一致,外表美观,商品性好。

(6)**冬秀** 中早熟,根系发达,茎秆粗壮,长势旺盛;为耐低温和耐弱光类型的杂交品种;连续结瓜性好,瓜码密,膨瓜快;商品瓜翠绿色,瓜长22~24厘米,粗6~7厘米,长柱形,瓜条粗细均匀,光泽度好;采收期200天以上,产量高。

(7)**翡翠2号** 为高耐病毒病的杂交品种;特早熟,长势较强,茎蔓中等长度;瓜码密,连续坐瓜力强;商品瓜浅绿色,中长柱形,顺直均匀,光滑亮丽;耐寒性、耐热性均好,不易早衰,产量高。

(8)**冬玉** 植株粗壮,根系发达;雌花多,瓜码密,易坐果,嫩瓜皮为亮绿色,光滑亮丽,光泽度好;瓜形为长棒状,果形均匀一致,肉质鲜脆,抗寒性、抗病毒能力强。

(9)**中葫8号** 早熟,矮生,生长势较强;瓜形棒状,瓜蒂端略粗,微棱,瓜皮淡绿色;抗逆性强,每亩产量在5000千克以上。

(10)**京莹** 早熟,植株第5节出现第一雌花,定植后25~30天采摘,瓜码密;雌花率大于88%,每亩产量为6000~7000千克;瓜条顺直,圆柱形,无瓜肚,瓜皮浅绿色,微泛嫩黄,光泽度特别好,商品性极佳;抗白粉病,低温下连续结瓜能力强,不易早衰。

(11)**法拉利** 植株长势旺盛,茎秆粗壮,叶片大而肥厚,耐低温、耐弱光性好;瓜长26~28厘米,粗6~8厘米,单瓜重300~400克,瓜条大、膨大快,耐存放,瓜皮光滑细腻,油亮翠绿,商品性好;春节后返秧快,产量高,抗逆性、抗白粉病强;单株收瓜可在35个以上,每亩产量达10000千克。

(12)**法柯妮** 特早熟,一般从第3~4节开始结瓜;瓜码密,连续坐果力强,瓜长筒形,嫩瓜浅绿色,单瓜重在500克以上,前期产量高。

(13)**京葫36号** 耐低温、弱光,早中熟;根系发达,茎秆粗壮,长势强;低温、弱光条件下连续结瓜能力强;雌花多,膨瓜快,采收期长,不早衰,每亩产量可达15000千克;瓜长23~25厘米,粗约6厘米,长圆柱形,商品瓜油亮翠绿,花纹细腻,粗细均匀,光泽度好,商品性佳。

(14)**艾特绿** 杂交一代,早熟品种;植株长势旺盛,强健、抗病、耐寒;常规叶,第6叶左右出现第一雌花,节节有瓜,坐瓜率高,连续带瓜能力强,可同时带瓜5~6个;瓜长22~25厘米,直径6~7厘米,瓜皮翠绿,顺直,斑点小,光泽度好,商品性好;越冬茬单株采瓜40个以上,产量极高。

(15)**绿贝** 植株生长旺盛、强健、不歇秧,耐寒性好,根系发达,抗病、抗逆性强,高抗银叶病;叶片中等大小,中翠绿,节间短,茎秆粗壮,长蔓和膨瓜协调,易管理;果实长圆柱形,长24~28厘米,瓜条顺直,整齐度好,颜色翠绿亮丽,商品性特别好,易储运;早熟,连续坐瓜性强,节节有瓜,单株可采瓜35个以上,采收期长达200天,产量极高。

(16)**赛纳** 该品种从播种至采收第一个商品嫩瓜需43天左右;瓜条长柱形,表皮浅绿色,光泽亮丽,瓜长22~25厘米,横径6~7厘米,品质非常优秀;植株生长旺盛,连续坐瓜能力强,前期产量高,后期不早衰;抗枯萎病、白粉病、霜霉病,耐热、耐低温。

(17)**京葫1号** 为极早熟一代杂交种,播种后35天左右可采摘250克以上的商品瓜,是国内最早熟的西葫芦杂交一代新品种之一;植株属短蔓直立型,生长健壮,抗病性强,极耐白粉病,主蔓结瓜,雌花多,瓜码密,雌花结率达85%以上,连续结瓜能力强,瓜膨大速度快,每株3~4个瓜可同时生长,每亩产量为6000~7000千克,丰产、稳产性好;瓜条顺直,长筒形,皮色为浅绿色,网纹,鲜嫩美观,品质佳,商品性状好;耐贮运、耐碰撞,适合远距离运输销售。

(18)**万盛胜丰** F_1 中早熟,耐低温弱光性强;根系发达,生长势旺盛,株型紧凑适中,光合作用效率高,抗病性和抗逆性好,在低温、弱光条件下连续结瓜能力强;雌花多,成瓜率高,膨瓜快,采收期长,生育期280天左右,单株可采收商品嫩瓜50个左右。

(19)**米塔尔** F_1 长势旺盛,不歇秧,耐寒性好,抗病、抗逆性强;叶片中等大小,叶色中绿,节间较短,茎秆粗壮,属长蔓型;长蔓和膨果协调,易管理,成瓜率高;果实长圆柱形,长24~26厘米,横径6~8厘米,瓜条顺直,整齐度好,瓜面翠绿亮丽,耐储运,商品性极好;早熟,连续坐瓜性强,节节有瓜,采收期200天,单株可采收商品嫩瓜35个以上,每亩产量可达20000千克。

4. 大棚西葫芦栽培技术要点

(1) 大棚西葫芦春提早、秋延后栽培技术要点

①育苗。

播种前的准备工作。

营养钵准备：选优质田土6份、腐熟有机肥3份、存年过筛炉灰渣1份，充分混匀后，每吨再加入复合肥2千克。选用10厘米×10厘米塑料营养钵，装上营养土，高矮一致，排列于大棚苗床上。

浸种催芽：先将种子放入55℃温水中，并不停地搅拌，直到水温降至30℃左右时，再浸种4~6小时直至种子吸足水分。将种子捞出后沥干水分，用湿布包好放置于28~30℃条件下催芽，当芽长至3~4毫米时即可播种。

播种及播后管理。将营养钵浇透水，然后把种子放在钵中央，每钵1粒，上覆1厘米厚的营养土并封严营养钵边缘，再盖上一层薄膜。播种后至幼苗出齐前尽量保持日温28~32℃，夜温不低于20℃，以利齐苗。幼苗出土后应及时通风，适当降低温度，白天20~25℃、夜间12~16℃，以防止幼苗徒长。定植前1周左右可适当降低温度，白天15~20℃、夜间5~8℃，进行炼苗，提高其抗性。为促进雌花生长，可在苗3叶期喷施40%乙烯利2500倍液。待幼苗长到3~4叶、株高10~12厘米、苗龄约30天时，即可选择茎粗色绿、节间短、叶片厚而大、根系发达、无病虫害、无机械性损伤的壮苗定植。

②定植时期和方法。普通大棚春提早栽培时，江淮地区可于2月下旬至3月上旬定植，延秋栽培的可于8月下旬进行直播，可有效地防止病毒病的发生。定植前应重施基肥，一般每亩施入腐熟鸡粪4000~5000千克，氮、磷、钾复合肥15千克，尿素15千克，深翻、耙碎，做成高15~20厘米、宽60厘米的垄。春提早定植前10~15天应扣棚烤地以提高地温。春提早定植应选在晴天上午进行，先在定植垄上按50~60厘米穴距开穴，浇水并待水渗下后放入苗坨，用湿

土封穴。早春栽培的要覆盖地膜,栽后把膜口封严,而延秋栽培应在晴天傍晚或阴天进行。

③温湿度管理。西葫芦果实发育的最适温度为22~25℃,8℃以下停止生长,低于5℃就会受冷害或冻害。春提早栽培的可在大棚内加盖小拱棚,以提高地温和预防灾害性天气,日温控制在20~25℃,夜间温度为13~15℃,注意通风排湿,防止秧苗徒长。进入4月中旬,气温升高,应适时去掉小拱棚。当外界的日平均温度达到20℃以上、最低气温在15℃以上时,即可进行3~5天的大通风炼苗,揭除棚膜。延秋栽培的定植后严防高温,防止秧苗徒长,根瓜坐住后,保持温度为22~28℃,促进果实生长发育。随着外界温度逐渐降低,后期应及时扣膜,并逐渐减少通风量,中后期往往有寒流并伴随雨雪,要注意保温。

④肥水管理。西葫芦根系发达,吸收能力较强,应注意肥水管理,在施肥时应配合施用氮、磷、钾肥,严防氮多而徒长,从而影响生殖生长。在重施基肥的情况下,由于前期生长量小,一般不进行追肥,到了结果中后期,可视生长情况,结合浇水进行追施肥料。定植后至第一雌花开放结果前控制浇水,若十分干旱,可浇跑马水,防止秧苗疯长,待第一瓜坐住后可浇大水。前期要及时通风排湿,中后期虽然气温低,但为防止湿度过高,晴天中午也要放风排湿。进入结瓜盛期,每隔10天左右浇1次水,并结合浇水每亩适时追施尿素15~20千克、磷酸二氢钾20千克。

⑤植株调整。塑料大棚西葫芦多采用匍匐栽培法进行栽培。在植株调整上应及时去掉病叶、老叶、黄叶,带到棚外深埋或焚烧,以改善通风透光条件、减少营养消耗和防止病害传播。

⑥保花保果与疏花疏果。植株在棚内开花期间应坚持人工授粉,可有效提高坐瓜率及产量,也可用2,4-D、防落素等植物生长调节剂沾花,并在沾花液中加入50%速克灵2000倍液,防止灰霉病的发生。

(2)大棚西葫芦越冬茬栽培技术要点

①育苗。长江以北地区多采用冬暖式塑料薄膜大棚进行越冬茬西葫芦长季节栽培,一般于10月份播种。具体育苗方法参见上文西葫芦春提早、秋延后栽培中的育苗方法。及时加强幼苗管理,苗龄约30天时即可选择壮苗进行定植。

②定植时期和方法。当幼苗长至3叶1心时选择壮苗进行定植。定植前10天左右结合整地施足底肥。每亩施充分腐熟过筛的有机肥6000~10000千克、复合肥50千克。栽植时按南北向进行大、小行开沟,大、小行距分别为90厘米、60厘米,然后按株距50厘米进行栽植。定植栽完后扶好垄,使垄高15~20厘米,覆上地膜,掏出定植苗,并在小行距膜下浇足水。

③温湿度管理。在西葫芦定植后和缓苗前,冬暖式塑料薄膜大棚应保持较高的温度促进缓苗,白天25~30℃,夜间18~20℃。缓苗后保持温度为白天20~25℃,夜间12~15℃,以防幼苗徒长。待植株坐瓜后,棚内温度为白天25~28℃,夜间15℃左右。进入严寒期要加强保温,严防夜间温度过低。寒冬过后,可逐渐加大通风量,白天25~28℃,夜间15℃左右。

④肥水管理。植株定植后至根瓜采收前一般不需浇水追肥,根瓜采收后可从膜下暗沟浇第一次水。若基肥不足,可随水每亩追施10~15千克的复合肥。以后视天气、植株生长情况进行肥水管理。深冬季节应控制浇水次数,以防降低地温及增加棚内湿度。如需浇水,一定要在晴天上午进行小浇。进入2月中旬后,随天气变暖,应逐渐加大浇水施肥量,每次每亩追施三元复合肥20~30千克,同时注意放风排湿。随着气温的进一步升高,浇水量也应进一步加大。生长期间除进行根系追施外,还可在初瓜期、盛瓜期进行叶面喷肥。

⑤植株调整。冬暖式塑料薄膜大棚西葫芦应采用吊蔓立体栽培,传统的地面匍匐栽培方法不适宜于冬暖式塑料薄膜大棚越冬长季节栽培。由于冬暖式塑料薄膜大棚内易高温、高湿,且空气流通量

小,极易造成西葫芦叶片郁闭、落花落果以及下部叶片损伤和烂蔓烂果等问题,从而降低产量。而吊蔓可以调节西葫芦长势,增加生长空间,合理利用光能,从而可以增产增效。西葫芦吊蔓方法与黄瓜吊蔓方法类似,可在西葫芦长至8~10片叶时,把绳的下端系于瓜秧基部,绳的上端系于棚架的专用铁丝上,通过吊秧、盘秧、落蔓等措施,使瓜秧的生长点由南到北成为一稍微倾斜的斜线,以使受光均匀。应选择晴天及时清除下部的病叶、残叶、老叶,以控制病害蔓延和养分的过度消耗,以保持较好的生长空间。注意去叶时最好保留叶柄,且一般单株每次去叶数量在3片以内,去叶后加强放风排湿,使伤口干燥,早愈合,防止病菌的传染。利用冬暖式塑料薄膜大棚进行西葫芦栽培时,因其生育期较长,如发现主蔓老化或生长不良,可选留1~2个侧蔓,待侧蔓现雌花后剪去原来的主蔓,利用侧蔓继续结瓜。

⑥提高坐果率和疏果相结合。冬暖式塑料薄膜大棚温度偏低时,不但西葫芦的雄花花粉少,而且缺乏昆虫传粉,为促进坐果,必须采用人工授粉或利用植物生长调节剂进行保花保果。人工授粉应在开花当天上午8~9时进行,授粉时先采下刚刚开放的雄花,去掉花瓣,将雄花的花药轻轻涂抹雌花的柱头即可。利用植物生长调节剂保花保果时可采用20~30毫克/升2,4-D溶液,用毛笔蘸取2,4-D溶液涂抹雌花柱头即可。同时,在结瓜初期,由于根系还不发达,又处于低温、弱光环境,应适当进行疏花疏果,待植株长势增强、温光条件好转后,可视植株生长情况免去人工疏果。

⑦采收。一般采摘西葫芦的幼嫩果实供食用,因此必须适时采收,一般嫩果重250克时即可采收。对于冬暖式塑料薄膜大棚栽培的还可小些,大的不要超过500克,否则易引起茎蔓早衰,缩短生长期,降低产量。

三、西 瓜

西瓜属葫芦科一年生草本植物,其果实味甜多汁,含有丰富的矿物质和多种维生素,可清热解暑,是夏季主要的消暑果品。西瓜起源于非洲,在我国已有2000多年的栽培历史。近年来我国的西瓜栽培面积迅速增加,目前我国已成为世界上最大的西瓜产地。

1. 主要生物学特性

(1)植物学特征 西瓜根系发达,其主根深度在1米以上,根群主要分布在20~30厘米的根层内,根纤细易断,好氧,吸收肥水能力强,再生能力差,不耐移植;西瓜幼苗期茎直立生长,节间短缩,4~5节后节间伸长,5~6叶后开始匍匐生长,茎蔓生,中空。西瓜的分枝性强,尤其基部3~5节分生的侧枝出现早,可形成3~4级侧枝,而且生长健壮。西瓜子叶对生,椭圆形,真叶单叶互生,前2片真叶缺刻少,为基生叶,第3片真叶以后叶面积逐渐增大,深裂、浅裂或全缘叶。西瓜雌雄异花同株,个别品种为两性花,着生于叶腋处,雄花始花节位一般在3~5节,雌花始花节位在5~11节,雌花间隔5~7节,虫媒花,清晨开放,下午闭合,为半日花。西瓜的果实由果皮、果肉、种子三部分组成。果皮颜色多样,果面平滑或具棱沟。果肉颜色有白、黄、红色,肉质分紧肉和沙瓤,果肉中可溶性固形物占8%~12%。果实有圆、短圆筒、长圆筒等形状,小的只有1~2千克,大的一般10~15千克。西瓜种子扁平、卵圆或长卵圆形,着生于侧膜胎座。种皮为白、浅褐、褐、棕或黑色,单色或杂色,表面平滑或具裂纹。种子千粒重不同品种间差异较大,小粒种子只有20~25克,大粒种子为100~150克,一般为40~80克,种子发芽年限3~4年,使用年限2~3年。

(2)生长发育周期

①发芽期。从种子萌动至子叶平展为发芽期,此期苗端形成2~3个稚叶。在25~30℃条件下,需经10天左右。此期要靠种子贮藏的养分生长,地上部干重的增长量很少,根系生长较快。

②幼苗期。由第1片真叶露心至5~6叶团棵为幼苗期。在20~

25℃温度下,通常需20天左右,而在15~20℃温度下约需30天。此期又可分为2叶期和团棵期。2叶期是指从露心至2片真叶开展,此时下胚轴和子叶生长渐止,主茎短缩,苗端具4~5个稚叶、2~3个叶原基,此期植株生长缓慢;团棵期是指从2叶展开至具有5~6片叶,苗端具8~9个稚叶、2~3个叶原基,此期主要是叶片和茎在生长。

③伸蔓期。从幼苗团棵至坐果节位雌花开放为伸蔓期。在20~25℃温度下,需23~25天,此期节间伸长,植株由直立生长转为匍匐生长。

④结果期。从坐果节位雌花开放至果实成熟,直至全田采收完毕为结果期。从主蔓第2~3雌花开放至坐果,在26℃温度下约需4天。此时是由营养生长过渡到生殖生长的转折期,茎叶的增长量和生长速度仍较旺盛,果实的生长刚刚开始。随着果实的膨大,茎叶的生长逐渐减弱,果实为全株的生长中心。果实生长期一般为25~28天。此期又可分为坐果期、膨瓜期和成熟期。

坐果期。从雌花开放至果实褪毛(幼果表面茸毛褪净,果实开始发亮)为坐果期,需4~6天。此期仍以茎叶生长为主,是以营养生长为主向生殖生长为主的过渡阶段,长秧与结果矛盾突出,是决定坐果与化瓜的关键时期。

膨瓜期。从果实褪毛到定个为膨瓜期,在适宜条件下需18~26天。此期以果实生长为中心,是决定产量高低的关键时期。

成熟期。从定个至果实成熟为成熟期,需5~10天。此期果实膨大已趋平缓,以果实内物质转化和种子发育为主,是决定西瓜品质的关键时期。

(3)对环境条件的要求

①温度。西瓜是喜热、不耐低温性作物。生长的适宜温度为18~32℃,并要求有一定温差,营养生长喜较低的温度,结实及果实生长则需要较高的温度。不同生育时期要求的适温不同,发芽期为25~30℃,幼苗期为22~25℃,伸蔓期为25~28℃,开花结果期为

28～30℃。西瓜全生育期需2500～3000℃的积温。

较高的昼温和较低的夜温有利于西瓜的生长发育,特别是在生育后期,较大的昼夜温差有利于果实中糖分的积累。我国北方地区,一般昼夜温差较大,西瓜含糖量高,生产的西瓜品质优于南方。

②光照。西瓜是短日照作物。西瓜整个生育期都需要有充足的日照,一般每天日照时数以10～12小时为宜,多日照的高温天气是保证西瓜丰产和优质的重要条件。在日照充足的条件下,植株表现为生长健壮、节间短粗、叶片肥厚浓绿;光照不足时,则表现为节间和叶柄增长、叶薄而色淡、易感病。

③水分。西瓜耐旱性强,耐湿性弱,对空气湿度要求较低。湿度过高时,一是植株易感病,二是根系发育不良,三是产量低、品质差,土壤长时间积水,会造成全株死亡。所以瓜田一定要注意适当控制土壤水分和空气相对湿度。

④土壤。西瓜根系好气性强、需氧量大,结构疏松、排水良好、有机质丰富的砂质土壤最适宜西瓜栽培。西瓜喜生茬、土静,因此,生荒地也适宜种植西瓜,老菜园不适宜种植西瓜。西瓜最适宜在中性土壤中生长,较耐酸碱,在pH 5～7范围内能正常生长发育。

2.优良品种

适宜设施栽培的西瓜优良品种应具备早熟、抗病、适合市场需求等特点。目前,大棚西瓜多以中果型为主,生产上适于设施栽培的主要栽培品种如下所述。

(1)早佳8424　早熟品种,全生育期70～76天,果实圆球形,果皮绿色,上覆墨绿色条带,较耐运输;红瓤,质地细脆,多汁,不易倒瓤,抗湿性较强;含糖量11%,高者达12.8%,风味好,单瓜重5千克左右,大瓜重达9千克。

(2)京欣1号　早熟品种,全生育期90～95天,果实发育期28～30天,第一雌花节位在6～7节,雌花间隔5～6节,抗枯萎病、炭疽病能力较强，在低温、弱光条件下较容易坐果；果实圆形，果皮绿色，上有薄薄的白色蜡粉，有明显绿色条带15～17条，果皮厚1厘米，肉色桃红，纤维极少；含糖量11%～12%，平均单果重5～6千克，最大可达18千克。

(3)**京抗1号** 为高抗枯萎病西瓜一代杂种，抗枯萎病、耐炭疽病、耐重茬，可减轻连作障碍，缩短轮作年限；植株生长势中等，中早熟，易坐瓜；一般主蔓第一雌花在8～10节，雌花开放至果实成熟需28～30天，全生育期80～90天；果实圆形，皮绿色，果面上覆有明显的条纹及浓重的蜡粉；果肉红色，含糖量达12%左右，果肉细腻多汁，脆嫩爽口；果皮薄而坚韧，可食率高，不裂瓜、耐贮存、耐运输；单瓜重5千克以上，每亩产量达4500千克。

(4)**京欣2号** 早熟、优质、丰产；全生育期88～90天，雌花开放至果实成熟需28天左右；生长势中等，圆瓜，绿色有条纹，条纹稍窄，有腊粉；瓜瓤红色，果肉脆嫩、口感好、甜度高，果实中心可溶性固形物含量在12%以上；皮薄，耐裂性比京欣1号有较大提高；抗枯萎病、耐炭疽病，单瓜重6～8千克。

(5)**京欣4号** 早熟、优质、耐裂、丰产新品种，全生育期90～95天，果实发育期28天；植株长势强，抗病，易坐果；果实圆形，绿底覆盖墨绿窄条纹，外形美观；皮薄，肉红，中心可溶性固形物含量12%，口感佳；平均单果重7～8千克，最大可达18千克。

(6)**秀丽** 极早熟，小果型品种，抗病极强，品质极佳；植株生长健壮，低温伸长性好，雌花在不良条件下能正常分化，容易坐果；从雌花开放到瓜熟时间短，一般仅需24～25天；果实椭圆形，外皮鲜绿色，其上覆有细条纹15～16条，瓜瓤深粉红色，肉质细嫩，风味极佳；瓜皮薄，有韧性，瓜形周正，不变形，不空心，大小适中，单瓜重2.0～2.5千克。

(7)**早春红玉** 早熟，小果型品种，坐果后35天成熟；该品种外观为长椭圆形，绿底条纹清晰，植株长势稳健，果皮厚0.4～0.5厘

第二章 大棚瓜类蔬菜栽培技术

米,瓤色鲜红,肉质脆嫩爽口,单瓜重2.0千克,保鲜时间长,商品性好。

(8)特小凤 极早熟,小果型品种,高球形至微长球形,果重1.5~2千克;外观小巧优美,果形整齐,果皮极薄,肉色晶黄,肉质极为细嫩脆爽,甜而多汁,纤维少,靠皮部的果肉品质与心部相同,品质特优,种子极少,果皮韧度差,不耐贮运;植株生长稳健,易坐果,结果多,一般每亩产量为1500~3000千克。

(9)黄小玉 极早熟,小果型品种,雌花开放至果实成熟约需26天,抗病性强,易坐果;果实高圆形,单瓜重2~3千克,果皮厚约3毫米,不裂果,果肉金黄色略深,含糖量12%~13%,肉质细,纤维少,籽少,品质极佳。

(10)黑美人 极早熟,小果型品种,主蔓第6~7节出现第一雌花,雌花着生密,夏、秋季雌花开放至果实成熟仅需22天;生长健壮,抗病,耐湿,夏季栽培表现突出;果实长椭圆形,果皮黑色有不明显条带,单瓜重2~3千克,果皮薄而韧,极耐贮运;果肉鲜红色,中心含糖量12%,最高可达14%。

(11)秀雅 极早熟,小果型品种,皮极薄;肉质鲜嫩,品质极优,少籽,单瓜重1.5~2千克;纤维少,口感佳;中心含糖量13%,边缘含糖量10%,果实圆形,坐果率高,单株可留瓜3~5个,一般每亩产量可达3000千克左右。

(12)丽兰 极早熟,小果型品种;果实圆形,皮薄,瓜皮淡绿色,覆盖有墨绿色条纹,果肉黄色,单果重2千克左右;高产稳产,早春大棚头茬瓜每亩产量可达2500千克左右,中心含糖量在12%以上,边缘含糖量11%左右,瓜皮薄而有韧性,不易崩裂,耐贮运,籽少,口感极佳。

(13)金蜜 极早熟,小果型品种,绿花皮,瓜瓤晶黄,皮薄籽少,肉质沙脆,单瓜重1.5~1.8千克,长势强,易坐果,开花后22天成熟,是高档礼品西瓜品种。

3. 大棚西瓜春早熟栽培技术要点

西瓜为喜高温作物,生产上较缺乏耐弱光、耐低温的特殊品种,加上西瓜在寒季销量较小,因此,当前西瓜设施栽培主要以春早熟栽培为主,不提倡进行越冬栽培。

(1) 育苗 普通大棚早春茬于1月中下旬至2月上旬播种育苗,2月下旬至3月上旬定植,5月中下旬开始采收,7月底采收结束。冬暖式塑料大棚可提早1个月左右栽培。

①播种时期的确定。由于受气候条件的影响,各地西瓜的播种期相差较大,确定播种期的依据为:当幼苗移栽时能够达到3叶1心的壮苗标准,且移栽后的栽培设施环境温度能够满足其生长条件的最低要求。因此,西瓜的播种期应充分考虑当地的气候、设施类型、管理水平及计划安排西瓜上市的时间。一般来讲,早春茬在安全定植期前40~50天进行育苗。

②播种前的准备工作。

营养土配制:用于进行西瓜育苗的营养土,不仅要营养丰富且全面、无病虫源,而且要疏松、透气、保肥保水,呈微酸性或中性,且有一定的黏性。营养土可采用50%优质大田土加30%腐熟有机肥、20%细炉灰,混匀过筛后每立方米再加三元复合肥2~3千克、50%多菌灵100克,充分混匀后装入育苗钵中。

浸种催芽:先将种子放在55℃温水里浸种,并不停搅拌,等到水温下降至30℃时,让其在室温下浸泡6~8小时。然后捞出稍晾,用湿毛巾包裹置于28~32℃温度下进行催芽,种子露白即可播种。

③播种及播后管理。播种前将营养钵充分浇水。将露白的种子芽尖朝下点播在营养钵里,上盖1厘米厚的营养土,再覆盖一层地膜保持湿度。出苗期间苗床温度白天28~30℃,夜间15~20℃。从真叶长出到定植前7~10天,要求有相对较高的温度,以促进幼苗生长,苗床内气温以白天25~28℃、夜间15~18℃为宜。定植前7~10

第二章 大棚瓜类蔬菜栽培技术

天进入炼苗阶段,使幼苗逐渐适应定植环境的温度。尽量增加幼苗的光照时间,苗期一般不需浇水,如出现干旱现象,则应及时浇水。

重茬地进行西瓜栽培时最好采用嫁接育苗。西瓜嫁接育苗多采用插接嫁接法,要求嫁接后3~4天内遮光、保温、保湿,保持温度为白天26~28℃,夜间15~18℃,相对湿度90%以上。3天后逐渐去掉遮阴物,通风降温,只需中午遮光,温度控制在白天22~25℃,夜间18~20℃。具体管理措施见黄瓜嫁接育苗部分。

(2)定植时期和方法 普通大棚春提早栽培一般于2月中下旬至3月上旬定植,当棚内10厘米深处的地温稳定在10℃以上、气温稳定在12℃以上时即可定植。定植前在整地时撒施基肥,并深翻入土壤。一般每亩施有机肥4000~5000千克和氮、磷、钾三元复合肥50千克。畦宽2.5~3.0米,高15~20厘米,畦面筑成龟背形,中间开深8~10厘米、宽30~40厘米的沟,将幼苗定植在畦中央。一般采用南北行向定植,密度因品种及栽培方式而异,立体栽培、小型品种密度高,大中型品种、匍匐方式栽培密度低,一般每亩栽600~1200株。春提早栽培时选晴天上午定植。定植时先小心去除塑料钵,将苗完整地栽入定植穴内,摆正瓜苗后即填土,随后浇定植水。大棚内加设小拱棚并采用地膜进行栽培,以提早上市。

(3)温湿度管理 对于春提早栽培的西瓜,其生长前期以保温为主,后期则以控温为主。一般移栽后大棚1周左右不通风,尽量提高棚温,以利活棵,缩短缓苗期。要求白天气温为30℃左右,夜间气温为15℃左右。缓苗后进入发棵期,白天应揭开双层环棚膜,增加光照,控制白天气温为22~25℃,如超过30℃,大棚要适当放风,夜间再盖好,使夜温保持在12℃以上。随着室外温度的升高和蔓的伸长,到4月份当棚内夜温稳定在15℃以上时,可撤除小拱棚,并逐渐加大大棚白天的通风量,延长通风时间。开花坐果期要求白天气温为28~30℃,夜间不低于15℃,否则易坐瓜不良。瓜开始膨大后需要高温,保持白天气温30~32℃,夜间15~25℃。控制好棚内湿度,保持棚内干燥。

(4) 肥水管理 定植缓苗后应及时浇足 1 次缓苗水,以保证整个伸蔓期对水的需求。西瓜生长前期一般不用浇水,茎蔓开始迅速生长时,浇 1 次水,促进茎蔓生长,然后控制浇水,防止植株徒长,待瓜坐住并开始膨大时进行浇水催瓜。西瓜生育期间不需要勤浇水,尤其在低温季节,要控制好棚内湿度,保持棚内干燥,但可视土壤情况结合追肥适当补水,以保证水分均衡供应,切忌忽干忽湿,采收前 7~10 天停止浇水。西瓜苗期需肥量较少,瓜苗矮小的可适当追施少量速效肥,伸蔓期需肥量开始增加,可巧施藤肥。在嫩瓜长至鸡蛋大小时追施第一次膨瓜肥,结合浇水每亩施三元复合肥 20 千克,于果实膨大期每亩再施三元复合肥 15~20 千克。另外,生长期间可视瓜秧生长情况,喷施 0.2% 磷酸二氢钾、0.5% 尿素 2~3 次。

(5) 植株调整 大棚西瓜常选用早熟中果型品种,采用地面匍匐生长方式栽培,多用 2~3 蔓整枝。除保留主蔓外,在主蔓 5~7 节叶腋处再选留 1~2 条生长健壮的侧枝,其余侧枝全部摘除。对于采用高密度方式栽培的小型西瓜,应只留主蔓结果,摘除全部侧枝,并采用立体搭架或吊引进行栽培。

(6) 保花保果与疏花疏果 大棚西瓜以主蔓及侧蔓坐瓜,主蔓第一雌花不留,主蔓和子蔓各留 1 个瓜,主蔓留第 2 或第 3 雌花结的瓜。西瓜是雌雄异花同株作物,主要靠昆虫传粉。早春棚内昆虫少,温度低,可进行人工辅助授粉。方法是选长势中等茎蔓上刚开的大型雄花,连同花柄摘下,将花瓣外翻,露出雄蕊,将花粉轻轻涂抹在雌花柱头上,并做好标记。授粉时间应选在每天早晨 8~9 时。待瓜坐稳后,及时除去其他花和畸形瓜,以减少养分消耗。也可采用 2,4-D、防落素等生长调节剂进行保花保果。

(7) 采收 西瓜充分成熟后,其含糖量高、风味好,因此就地供应的产品必须采摘十分成熟的瓜,如需运销,应根据远近采收八九成熟的西瓜。一般来讲,西瓜成熟后,瓜皮发亮,手摸有光滑感,表面略微凸凹不平,瓜皮花纹清晰,瓜蒂不收缩凹陷,四周充实并稍微隆起,果皮与地面接触部位由白变黄,果梗上的绒毛大部分脱落或卷缩,瓜节位上卷须已干枯。一般早熟品种开花后25～30天可采收。采摘时注意不要伤及果柄。

四、甜　瓜

甜瓜,别名香瓜、果瓜,为葫芦科黄瓜属一年生蔓性植物,起源于非洲,后经古埃及传入中亚和印度。甜瓜的果实营养丰富,口味甜美,气味芳香,以鲜食为主,也可制成瓜干、瓜脯等,深受人们喜爱。近年来,外观优美、品质优良的甜瓜一直作为高档水果出售,成为人们节假日馈赠亲友的佳品。

1. 主要生物学特性

(1)植物学特征　甜瓜根系较发达,较耐干旱、贫瘠,好气性强,伤根后不易恢复;甜瓜分枝能力极强,主蔓生长势较弱,侧蔓生长十分旺盛。甜瓜的叶片为圆形,正反面均被茸毛,叶缘不分裂或浅裂。甜瓜雌雄同株异花,雌花多为两性花,主蔓雌花出现较迟,子蔓、孙蔓雌花出现较早。甜瓜的果皮色、形状、表面特征、果肉颜色和质地因品种而异,成熟时具芳香味。种子呈扁平椭圆形,黄白色,厚皮甜瓜种子千粒重30～80克,薄皮甜瓜种子千粒重5～20克,种子发芽年限4～5年,使用年限2～3年。

(2)生长发育周期

①发芽期。从种子萌动到第1片真叶出现(称为"露真")为发芽期,在适宜条件下为7～10天。发芽期主要靠种子储藏的营养供给幼苗出土、生长。子叶展开后逐渐长大,开始进行光合作用,为幼苗提供养分。第1片真叶显露前,温度偏高、光照弱或苗子过密时,易形成徒长苗。在管理上,此期应给予适当的温湿度和足够的光照。

②幼苗期。从露真到植株具有4～5片真叶(称为"团棵")为幼

苗期,为25～30天。此期内植株分化大量花芽,生殖生长开始,但仍以营养生长为主。此期管理重点是促进根系发育,促进花芽分化和叶面积的增大。其生育诊断标准为:叶重与茎重比值要大,地上部重与地下部重比值要小,此期为幼苗嫁接的好时期。

③伸蔓期。从团棵到留瓜节结实花开放为伸蔓期,约需25天。幼苗期后,茎的伸长生长显著加快,表现为甩蔓,另外花芽继续分化,花数不断增加,营养生长与生殖生长并进,在管理上应既要促根又要扩大叶面积,确保花芽的数量和质量。其生育诊断标准为:叶重与茎重比值要相对较大,但必须适度,叶不能过于繁茂。

④结果期。从留瓜节结实花开放到果实成熟为结果期,需40～60天,是决定产量高低的关键时期。在管理上要求不断供应肥水,及时采收。其生育诊断标准为:瓜和秧并茂,保持旺盛生长持久不衰。

(3)对环境条件的要求

①温度。甜瓜为喜温作物,种子萌发适温为30～35℃,幼苗生长适温为25～30℃/18～20℃(日温/夜温),茎叶生长的适温为25～30℃/16～18℃,开花期最适温度为25℃,果实发育期间适温为28～30℃/15～18℃,适宜地温为22～25℃。厚皮甜瓜的耐热性与薄皮甜瓜强,而薄皮甜瓜的耐寒性则与厚皮甜瓜强。

②水分。甜瓜耐旱不耐涝,需水量较大。要求空气干燥,适宜相对湿度为50%～60%,开花坐果期要求相对湿度为80%左右。厚皮甜瓜对空气湿度要求严格,薄皮甜瓜耐湿性较强。

③光照。甜瓜为喜强光作物,生育期间需要充足的光照,植株正常生长通常每天需要10～12小时以上的日照时数。厚皮甜瓜对光照强度要求严格,而薄皮甜瓜则对光照强度的适应范围较广。

④土壤营养。甜瓜对土壤的适应性强,能耐轻度盐碱,土壤的pH在7～8之间能正常生长发育,但以土层深厚、疏松透气的砂壤土为好。甜瓜需肥量较大,喜磷、钾肥,对钙、镁、硼的需求量也比较大。

2. 优良品种

适宜进行设施栽培的甜瓜优良品种应具备早熟、抗病、耐运输、适合市场需求等特点。目前,生产上适于设施栽培的甜瓜主要栽培品种有如下多种。

(1)伊丽莎白 早熟,全生育期90天左右;植株叶色淡绿,抗性强,适应性广,开花坐果率较高;果实为扁圆形或圆形,果皮鲜黄色,较光滑,果肉白色,肉厚2厘米左右,含糖量15%~17%,品质较好,较耐贮运;单瓜重0.5千克,每亩产量为1500~2000千克。

(2)西薄洛托 早熟、优质,抗病和抗逆能力较强;果实发育期40~45天,果实为圆球形,果皮白色透明,果面光滑,外形美观,单瓜重约1.2千克;果肉白色味美,具有香味,肉质厚实、松脆、水分多,含糖量15%~17%;高产,每亩产量为2000~2500千克。

(3)古拉巴 早熟、优质、高产,外形美观,果实发育期40~45天;低温结果力和坐果性较强;果实为高圆形,果皮白绿色,有透明感,果面光滑,外观好,果肉绿色,肉厚,肉质细嫩多汁,含糖量15%~16%,是市场上较受欢迎的品种;单瓜重1.2千克左右,每亩产量为1500~1800千克。

(4)瑞龙 果形周正,外观漂亮,植株长势中等,叶片较小,适于保护地弱光条件栽培;果实成熟期50天,单瓜重2.0千克左右,果皮灰绿色,网纹均匀,果肉黄绿色,肉厚4.5厘米,含糖量17%左右;果肉柔软多汁,肉味清香,是甜瓜中的高档品种;每亩产量达3000千克以上。

(5)雪龙 外观晶莹剔透,口感清脆爽口,商品率高,货架期长,植株长势健壮,综合抗性好,易坐果;果实成熟期38天,单果重1.8千克,果皮白色,果肉浅绿,肉厚3.8厘米,成熟后含糖量17%,果肉脆质,耐贮运。

(6)状元 早熟品种,果实发育期35天;植株生长势强,坐果性好,果实膨大速度快,皮硬,耐贮存,不易裂果,抗病性一般;果实呈橄榄形,脐小,果皮金黄色,果肉乳白色,肉质细嫩味甜,含糖量14%～16%;单瓜重约1.5千克,大果可达3千克,每亩产量达1800千克;株型小,适宜密植。

(7)**顶甜2号** 为薄厚皮杂交甜瓜新品种,果实成熟期30天,平均单瓜重600克,单株可结瓜4～5个,果肉绿色,含糖量达18%。

(8)**丰甜1号** 早熟品种,厚薄皮中间型,高产稳产,抗病、抗逆性强,适应性广;果实椭圆形,金黄色果面具银白色条沟,果肉白色,细脆,品味好,单果重1～1.5千克。

(9)**丰甜3号** 中早熟品种,果实发育期38～43天;果实圆球形,果面底色深青,成熟时转为淡黄色,果面密被网纹,果肉绿色,肉厚4～4.5厘米,肉质细软,香味浓,含糖量14%～17%;皮硬,耐贮运;单瓜重1.5～2千克;抗性较强,耐湿。

(10)**丰甜4号** 长势稳健,抗性强,适应性广,易坐果且整齐,易栽培;果实椭圆形,淡青底色,果面密,被细网;果肉橘红色,质细脆,口感极佳;单果重1.5千克左右,较耐贮运。

(11)**丰甜11号** 极早熟厚薄皮杂交一代甜瓜新品种,成熟期24～28天;果实椭圆形,成熟果金黄色,具银白色条带;果肉白色,厚2.8～3.3厘米,肉质细脆,味香甜,含糖量为14%～16%;果大,单瓜重1.0～1.8千克;皮薄质韧,较耐贮运。

(12)**金帝** 中熟大果型优质品种,成熟期37～40天;果实圆球形,果皮金黄色,光滑有光泽,果肉白色,肉厚5厘米左右,空腔小或无空腔;肉质较细脆,汁多味甜,含糖量为14%～17%;个大,单瓜重可达2.5千克以上,皮质韧,耐贮运;长势旺,茎蔓粗壮,抗性强,对叶部及茎蔓部病害均有较强的抗性。

(13)**女神** 早熟,果实发育期40～45天;低温结果能力强,耐贮运,耐蔓割病;果实短椭圆形,果皮淡白色,果面光滑或偶有稀少网纹发生,果肉淡绿色,肉质柔软细嫩,含糖量14%～16%;单果重1.5千克左右。

(14)浓香118 极早熟薄皮甜瓜,从开花至果实成熟约需25天;果实圆球形,甜脆,香味浓,不裂瓜,耐运输,品质特佳,单瓜重500~600克。

(15)日本甜宝 早熟薄皮甜瓜品种,一般开花后30天左右成熟;植株长势强健,抗性强,易于栽培;果实近圆形,果皮绿色,成熟后转黄,甜脆质优,耐储运,单果重800克左右。

(16)冰糖子 早熟薄皮甜瓜品种,果实成熟期27天左右;果实高梨形,浅绿色底有条状青黑色花斑,果实整齐性强,果肉肉质极为脆甜,具有冰的脆性质感,单果重500克左右,耐贮运,抗病力强。

3. 大棚厚皮甜瓜春早熟栽培技术要点

(1)育苗技术

①播种时期的确定。甜瓜的播种期应根据当地气候、设施类型、管理水平及计划上市时间来确定。一般来讲,早春栽培在安全定植期前40~50天进行育苗。如冬暖式塑料薄膜大棚播种期一般在12月中旬至1月下旬,定植期为1月下旬至2月下旬,普通大棚的安全定植期为3月5日前后,育苗播种则在1月末至2月初。由于甜瓜为喜高温作物,生产上尚缺乏较耐弱光、耐低温的特殊品种,不提倡利用大棚进行越冬栽培。

②播种前的准备工作。为了保护根系,均采用营养钵育苗。育苗营养土可用肥沃大田土6份和腐熟圈肥4份,混合后过筛。每立方米营养土加腐熟捣细的鸡粪15千克、过磷酸钙2千克、草木灰10千克(或氮、磷、钾复合肥3千克)、50%多菌灵可湿性粉剂80克,充分混合均匀。将配制好的营养土装入营养钵或纸袋中,再将其密排于苗床上。

种子播前要经过浸种、催芽、消毒处理。将种子放入55℃温水中,搅拌至水温降到30℃后继续浸泡4~5小时,然后捞出,用0.1%

高锰酸钾或50%多菌灵500～600倍液浸种消毒15～20分钟。为控制病毒病,也可用10%磷酸三钠溶液浸种。种子消毒后用清水洗净,再用湿纱布包好,放在28～30℃条件下催芽。

③播种及播后管理。播种前在苗床上排好营养钵,浇透水,覆上地膜,并在上面加小拱棚。温床提前加温,待温度稳定在15℃以上时方可播种。每个营养钵或营养土块播1粒发芽的种子,覆土厚度1.0～1.5厘米。播后盖地膜增温,苗床盖小拱棚,出苗后撤掉地膜。

苗床管理主要是温湿度调控。出苗前白天气温保持在28～32℃,夜间17～20℃。出苗后应适当降温,以防止徒长,白天气温可降到22～25℃,夜间为15～17℃。真叶出现后应适当提温,白天气温保持在25～28℃,夜间17～19℃,当棚温超过28℃时即可通风。育苗期内只要浇足底水,一般不再浇大水,干旱时可用喷壶喷洒水。当苗床内湿度过高时,可以撒些干土或草木灰以降低湿度。苗床内常由于低温高湿而发生猝倒病,所以应及时通风,即使在低温天气,若苗床内湿度过大,也应酌情通风放湿气。

在重茬地进行甜瓜栽培时最好采用嫁接育苗,具体方法参见本章中黄瓜育苗相关部分。

(2)**定植时期和方法** 提前扣棚以提高棚内温度,当10厘米深地温稳定在14℃以上时便可移栽。定植前做好棚内整地、施肥、做畦、做垄等工作,结合整地每亩施腐熟鸡粪2500～3500千克、过磷酸钙50千克、磷酸二铵50千克。把地块整成1米宽的高畦和50厘米宽的低畦,然后在高畦上做成2条高15厘米的小垄,幼苗种在垄上,每垄种1行。栽苗应选在晴天进行,以利缓苗,按株距45厘米先在垄上挖穴栽苗,然后浇足水,待水渗透后覆土整垄。栽苗深度以不埋子叶为度,不宜过深或过浅。定植后应立即覆盖地膜和扣严大棚膜,以提高棚温。

(3)**温湿度管理** 定植后,前期为了提高棚温,促进缓苗,棚膜要扣严,草苫要及时揭盖;开花坐果前,白天棚温保持在25～28℃,夜间在16～18℃,当棚温超过28℃时要揭开棚膜通风,随着植株的生长和外界气温回升,应使通风口逐渐由小到大,通风量由少到多;坐果后,白天棚温要求在28～32℃,不超过35℃,夜间在15～18℃,保持13℃以上的温差,同时要求光照充足,以利于糖分积累和提高果实品质。

(4)肥水管理 浇水应在晴天上午进行,这样浇水后地温迅速回升,阴天或傍晚一般不浇水。定植后5～7天浇1次缓苗水,但由于瓜苗需水量少,地面蒸发量也小,因此应控制浇水量,水分过多会影响地温提高和幼苗生长。到了伸蔓期,酌情施1次氮肥,适当配合施用磷、钾肥,每亩施尿素10～15千克,磷酸二铵15千克,施肥后随即浇水。开花后1周内应控制水分,防止植株徒长,影响坐果。膨瓜期是植株需肥水量最多的时期,当果实长到乒乓球大小时应及时追肥,每亩穴施氮、磷、钾三元复合肥30千克,及时均衡浇水,避免果实膨大时裂果。双层留瓜时,在上层瓜膨大期可再施第3次肥料,每亩施用硫酸钾10～20千克、磷酸二铵10～15千克。除施用速效化肥外,也可在膨瓜期随水冲施腐熟鸡粪、豆饼等,每亩施250千克。在生长期内可叶面喷施2～3次磷酸二氢钾、复合微肥等叶面肥,促进植株生长发育。成熟前10天左右应严格控制浇水,否则将影响果实的品质和风味。

(5)植株调整 大棚厚皮甜瓜栽培应严格进行整枝,均采用吊秧立式栽培。整枝时可根据品种特点和栽培需要,进行单蔓整枝或双蔓整枝。以状元厚皮甜瓜为例,通常以双蔓整枝为主,以单蔓整枝为辅。进行子蔓做主蔓的单蔓整枝时,幼苗长到4～5片真叶时摘心,保留健壮的子蔓生长,其余子蔓则全部摘除。进行双蔓整枝时,侧蔓长出后选留2条平行生长的子蔓,以利果实匀称美观,提高果实的商品性。弱苗可采取单蔓整枝的方法,以利植株协调生长,提高坐果率。吊秧时可采用尼龙绳或麻绳牵引吊蔓,以耐高温的白尼龙绳吊秧为好。绳的一端固定在植株的根颈部,另一端用活结系在棚顶的横拉铁丝上,随着茎蔓的伸长,将蔓缠到绳上,并间隔剪掉瓜蔓上的卷须,以减少养分损耗,促进植株加快生长。

(6)保花保果与疏花疏果 可采用人工授粉或蜜蜂授粉进行保花保果。人工授粉是指在植株预留节位的雌花开放时,于上午9~11时,选择当天开放的雄花,去掉花瓣,将雄蕊的花粉在雌蕊的柱头上轻轻涂抹;也可用毛笔在雄花上蘸取花粉,轻轻涂抹在雌花柱头上。授粉后应做授粉日期的标志,以便于采收。蜜蜂授粉时应在开花前2天每棚放养1箱蜜蜂。利用蜜蜂传粉,可明显提高坐果率,减少畸形果发生,并可改善果实品质和风味。留果:当幼果长至鸡蛋大小时,应当选留瓜,有单层留瓜和双层留瓜2种留瓜方式。单层留瓜的留瓜节位在主蔓的第9~12节;双层留瓜的则在主蔓的第9~12节、第17~21节各留1层瓜。植株营养生长良好时,可降低坐果节位,反之,则适当提高。一般小果型品种每株每层可留2个瓜,而大果品种每株每层只留1个瓜。留瓜的原则是选留果型周正和符合品种特征的瓜,并选生长速度快、同样大小的后授粉的瓜;留瓜的节位要适中,双层留瓜的下层瓜应适当留高节位,上层瓜应适当留低节位。实践证明,在播种早、植株生长势较强的情况下,双层留瓜可增产50%。吊瓜:当幼瓜长到0.5千克时,应及时吊瓜。将绳用活结系到瓜柄靠近果实部位,把瓜吊到与坐瓜节位相平的位置上。

(7)采收 采收时主要根据授粉日期和不同品种果实发育天数来判断成熟期,也可根据品种的成熟特征、果皮颜色、网纹有无、芳香味等来判断采收适期。对于果实成熟时蒂部易脱落的品种和不耐贮存的品种,应及时采收或适当早收。采收宜在清晨进行,此时厚皮甜瓜口感好。采收时应带果柄或将坐果节位侧枝剪下,保持果实新鲜美观。采后轻拿轻放,贮放在阴凉处,待包装后外运。

第三章
大棚茄果类蔬菜栽培技术

茄科植物中的果菜类称为茄果类蔬菜,主要包括番茄、茄子和辣椒,其营养丰富,适应性强,结果期长,产量较高,耐贮运,是人们喜食的主要夏、秋蔬菜。如今,茄果类蔬菜在我国南北各地栽培普遍,约占蔬菜总面积的20%以上,是保护地生产中的主要种类之一,在市场供应中占有重要地位。

一、番 茄

番茄别名西红柿、番柿,原产于南美的秘鲁、厄瓜多尔、玻利维亚一带。16世纪由墨西哥传入欧洲作观赏栽培,17世纪逐渐被人们所食用。17~18世纪由西方传教士、商人传入我国或由华侨从东南亚传入我国沿海,其后由南方传到北方。由于番茄富含维生素C和番茄红素,营养价值高,故番茄在我国广泛栽培,成为全国各地的主要蔬菜种类之一。

1. 主要生物学特性

(1)植物学特征 番茄根系的主根和侧根分布深而广,吸收能力强,较耐旱,主根可深达1.5米,侧根横展达2.5米。育苗情况下,主根常被切断,侧根增多,横展增加,使根群分布在土表30厘米深处。

茎为半直立或半蔓性,易生不定根,可扦插繁殖。无限生长类型的番茄在茎端分化第一花穗后,其下部第一侧芽生长为强盛的侧枝,与主茎连续而成为合轴,代替主茎向上生长,第二花穗以后也一直如此。有限生长类型的植株依上述方式发生3~5个花穗后,花穗下的侧芽也变为花芽。番茄的单叶为羽状深裂或全裂,长15~45厘米,每叶有小裂片5~9对,形状、大小因品种而异。花为完全花,每序花数5~10朵,黄色,自花授粉,花的授粉受精受环境条件影响较大,冷、热、干、湿、养分缺乏都会造成落花。果实为浆果,形状、大小、颜色、心室数因品种而异。种子呈扁平短卵形,表面覆粗毛,较小,千粒重3~3.3克,种子发芽年限3~5年,使用年限2~3年。

(2)生长发育特性 番茄从播种发芽至果实成熟,整个生长发育过程可分为发芽期、幼苗期、开花结果期和开花结果盛期4个阶段。

①发芽期。从种子萌动到子叶展开后的第一片真叶显露为发芽期。发芽的最低温度为12℃,适温为28~30℃,最高温度为35℃。在适宜的温度和湿度条件下,发芽期一般为7天左右。

②幼苗期。从真叶显露到第一花序现蕾为幼苗期。此期茎叶生长与花序分化同时进行。在光照充分、通风良好、营养完全的条件下,可培育出适龄壮苗。由于栽培季节不同,幼苗期的长短也不同。冬、春季节由于温度低、光照弱,植株生长缓慢,幼苗期需50~70天;夏、秋季节栽培,幼苗期只需40~50天。幼苗生长的好坏,将影响植株花芽分化的早晚和第一花序节位的高低及以后的产量。低夜温和强光照条件下,第一花序节位低,花器官分化和发育良好;高夜温和弱光照则相反。幼苗期温度过高,幼苗会徒长,花芽分化延后,节间也会变长;幼苗期温度过低,容易形成"小老苗",8℃以下低温易形成畸形果。

③开花结果期。从第一花序现蕾到坐果为开花结果期。这一时期是植株以茎叶生长(营养生长)为主向生殖生长为主的过渡阶段,须适当控制茎叶生长,促进第一花序坐果。

④开花结果盛期。从第一花序坐果到果实采收完毕为开花结果盛期。这一时期由茎叶生长与开花结果同时进行转向以开花结果为主,是产量形成的主要时期。适宜的温度为22~26℃,30℃时光合作用强度明显下降,35℃时生长停滞,引起落花落果。在开花结果盛期要供给充足的养分和水分,协调好生长和结果的关系,延长结果期。从开花到果实成熟需30~60天。果实发育的适温为白天25℃,夜间15℃,超过30℃时番茄红素形成受抑制。

(3)对环境条件的要求

①温度。番茄在不同生育期对温度的要求不同。种子发芽适温为28~30℃,最低发芽温度为12℃左右。幼苗期白天适温为20~25℃。幼苗期可塑性强,通过进行抗寒锻炼,可使幼苗忍耐较长时间6~7℃的低温。开花期对温度反应敏感,白天适温为20~30℃,夜间适温为15~20℃。结果期白天适温为25~28℃,夜间适温为16~20℃。根系生长最适地温为20~22℃,10℃时根毛停止生长,5℃时根系吸收肥水受阻。一般来说,温度低于15℃时,番茄不能开花或授粉受精不良,导致落花等生殖生长障碍;10℃条件下停止生长,长时间5℃以下低温能引起低温危害,-2~-1℃为致死温度。30℃以上时同化作用显著降低,温度高于28℃时,番茄红素及其他色素的形成受到抑制,果实不能正常转色。

②光照。番茄为喜光作物,冬季光照不良时,植株营养水平低,易造成大量落花。可用激素处理进行保花保果。番茄属短日照植物,多数品种在11~13小时的日照条件下开花较早,生长良好。

③水分。番茄地上部茎叶繁茂,蒸腾作用强烈,耗水较多,但因番茄根系吸水能力强,不必经常大量灌溉,应保持较低的空气湿度,一般以45%~50%为宜。幼苗期为防止徒长,应适当控水。结果期土壤湿度以保持在最大持水量的60%~80%为宜。

④土壤及矿质营养。番茄对土壤条件要求不严格,但为获得高产,应尽量选择土层深厚、易灌易排、富含有机质的肥沃壤土。番茄

对土壤通气条件要求高,土壤空气含量低于2%时植株会枯死。番茄对养分的吸收量大,据研究,若生产5000千克果实,需从土壤中吸收氧化钾33千克,氮10千克,五氧化二磷5千克,因此施肥时要各元素配合使用。在第一花序果实迅速膨大前,植株对氮肥的吸收逐渐增加,所以结果前期必须充分供应氮肥。幼苗期增施磷肥对花芽分化及发育有良好的效果。在果实迅速膨大期使用钾肥,对提高果实品质及产量有良好作用。

2. 设施选择与茬口安排

用设施大棚栽培番茄,一般安排在气温偏低的秋、冬、春3个季节。通常根据播种和定植的时间,把茬口分为春提早、秋延后和越冬茬。采用普通塑料薄膜大棚、复式塑料薄膜大棚进行番茄生产,一般来讲江淮地区早春茬多在1月份播种育苗,2月下旬至3月上旬定植,5月份开始采收,7月底采收结束。延秋茬在8月中上旬育苗或直播,9月中上旬定植,11月下旬采收结束。采用冬暖式塑料薄膜大棚越冬茬长季节栽培,一般多在9月份播种,10月下旬至11月份定植,来年7月份拉秧,而春季早熟和秋季延后栽培的种植期则分别比普通大棚提早或延后1个月左右。

3. 优良品种

(1) **皖粉5号** 无限生长类型;植株生长健壮,耐低温、耐弱光,熟性早,始花节位在第6~7节,易坐果,果实膨大速度快;果实高圆形,粉红色,表面光滑,无青肩,大小均匀,单果重300~400克;果形周正,果皮厚,有韧性,不裂果,口感极佳,耐贮运。

(2) **皖红3号** 无限生长类型,中早熟高架大红果番茄品种;始花节位在第7节,可溶性固形物含量达6.3%,甜酸适度,风味浓、口感好;果实高圆形,大红色,无青肩,果脐小,无裂果现象;一般单果重350克左右,抗烟草花叶病毒病、灰霉病和青枯病,适应范围广。

(3)**皖杂 15** 高秧无限生长型,抗病能力强,耐弱光,耐低温,抗逆性强;早熟,易坐果,果实膨大速度快,果实高圆形,表面光滑,成熟果粉红色,大小均匀,一般单果重300克,果皮厚,耐运输,口感佳。

(4)**合作 903** 有限生长型,早中熟品种,株高60~80厘米,始花节位在第7~8节,果实高圆球形,果肉厚,红色,腔小,平均单果重220克;分枝能力强,耐贮运。

(5)**合作 906** 有限生长型,早熟,抗逆性强,生长势旺,果实高圆形,粉红色,味甜不酸,品质佳;一般单果重200克左右,最大的可达500克,果实大小均匀,整齐美观。

(6)**中杂 105** 无限生长型,抗番茄花叶病毒病、叶霉病和枯萎病,丰产性好;生长势中等,中早熟;幼果无绿色果肩,成熟果实粉红色;果实圆形,果面光滑,大小均匀一致,单果重180~220克;果实硬度高,耐贮运;商品果率高,品质优,口味酸甜适中。

(7)**中杂 108** 无限生长型,耐裂,抗番茄花叶病毒病和枯萎病,丰产;成熟果实红色,圆形,着色均匀;单果重150~200克,果面光滑,每穗可坐果4~6个,果实大小均匀,耐贮运性较好,可整穗采收上市。

(8)**中杂 109** 无限生长型,高抗烟草花叶病毒,抗叶霉病、枯萎病;幼果无果肩,成熟果实粉红色,果实近圆形,平均单果重200克以上;厚皮,果实硬度高,耐贮运;果实整齐,商品率高。

(9)**金棚 1 号** 高秧无限生长型,早熟,抗病、抗热;低温度下坐果率高,果实膨大快;果实外形美观,色泽好,高圆形,似苹果,无绿肩,表面光滑发亮,大小均匀;单果重200~250克,大的重350~500克,基本无畸形果;肉厚,一般8~10毫米,肉多;耐贮运性好,货架期长;含糖量高,口感好,风味佳,营养丰富。

(10)**金棚 10 号** 无限生长,抗黄化曲叶病毒、花叶病毒、枯萎病和叶霉病;植株生长势较好,连续坐果能力强;果实高圆形,无绿肩,成熟果粉红色,耐贮运,一般单果重200~250克,商品性好。

(11)金棚11号 无限生长型,早熟,抗南方根结线虫,抗黄化曲叶病、番茄花叶病、枯萎病和叶霉病;植株长势好,果实高圆形,果皮发亮,果形好,一般单果重200~250克,成熟后粉红色,商品性好。

(12)博瑞特 无限生长型,中早熟,抗病性好,对环境适应能力极强;坐果率高,单果重180~240克;果色大红,果实端正,颜色鲜亮,无绿肩,弯片大,果实硬度好,耐贮运,口味佳,商品性好;每穗开花数较多,坐果整齐,果实大小均匀。

(13)美国4号 无限生长型,中晚熟,极耐低温,耐弱光,耐高温,抗病毒;果色大红,果形周正,光洁美观,成熟果皮硬;皮肉厚1厘米,肉多汁少,极耐贮运,超过成熟期3周内不会出现裂果或变质;单果重200~300克,果实均匀一致,无畸形果、青肩果、空洞果,商品率极高。

(14)圣尼娜 无限生长型,长势中等,早熟,抗叶霉病、灰霉病、黄萎病、枯萎病、烟草花叶病毒病和根结线虫病;果皮呈鲜艳红色,果实扁圆形,硬度极好,耐贮运,单果重220~250克。

(15)FA-1420 无限生长型,早熟,抗线虫病、根腐病、茎基腐病、黄萎病、枯萎病、烟草花叶病;植株生长旺盛,叶片适中;坐果能力极强,坐果整齐,单果重160~220克,呈扁球形,大小均匀一致;果实红色,着色均匀,口感好;果实耐贮运,保鲜期长。

(16)珐多 无限生长型,抗病,植株生长旺盛,坐果率高,每序留果6~8个,单果重120~130克;果实硬度好,颜色红,可整序采收。

(17)洛斯曼 一代杂交种,无限生长型,中熟;生长势极强,连续坐果能力强,产量高;果色大红,果扁圆形,果实大小均匀一致,平均单果重220克左右,品质佳;货架期长,耐贮运,适应性广。

(18)加茜亚 无限生长型,生长旺盛,抗枯萎病、烟草花叶病毒病、叶霉病等病害;耐低温、耐弱光性强;果实圆形略扁,单果重180~200克;一级果率高,大小均匀,畸形果少;果实成熟后为大红色,色泽艳丽而均匀,无锈果(铁皮果)现象发生,果肉厚而硬实,极耐贮运,常温下存放20天左右不变软。

(19)萨巴塔 无限生长型,中熟,抗烟草花叶病毒病、黄萎病、枯萎病、高抗叶霉病;植株长势旺盛,叶色深绿;果形微扁圆,色深红,单果重180~225克,连续坐果能力强;果实商品性能好,风味佳,口感好,硬度高,耐运输;耐热、耐寒、抗裂。

(20)利玛332 无限生长型,中早熟,高抗根结线虫病及灰霉病;果实圆形,单果重200~220克,成熟果实呈大红色,无果肩,萼片大而伸展,果形美观;果肉厚,风味佳,果实硬度大,耐贮运,货架期较长,商品性好;持续坐果能力强,后期植株不早衰。

(21)佩坦赞 无限生长型,植株长势中等,抗烟草花叶病毒病、黄萎病、枯萎病;高温和低温条件下坐果能力较强,花序整齐规则,每序留果6~8个,可整序采收;单果重100~120克,果实近圆形,熟果红色,整齐诱人。

(22)耐莫尼塔 无限生长型,植株生长旺盛,抗黄萎病、花叶病毒病、根结线虫病;高温、低温条件下连续坐果能力强,极具高产潜力;单果重160~200克。

(23)罗曼娜 无限生长型,早熟,抗烟草花叶病毒病、枯萎病、根结线虫病;果实呈卵形,大红色,单果重100~120克;无筋腐果、畸形果、空洞果,可成串采摘;果实商品性能好,风味佳,口感好,抗裂。

(24)海虹 无限生长型,长势中等,极早熟;果实大红色,卵圆形,单果重120~140克,色泽鲜艳,口味极佳,无裂纹、青肩现象;质地硬,耐运输,耐贮藏。

(25)贝蒂 无限生长型,早熟,生长势旺盛,抗烟草花叶病毒病、黄萎病、枯萎病、根结线虫病;果实卵圆形,硬度高,不易空心,货架期长,色泽亮丽,口味佳,平均单果重120克左右。

(26)欧拉玛 无限生长型,抗烟草花叶病毒病、蕨叶病毒病、枯萎病、根结线虫病;黄色果,果卵形,单果重100~120克;无筋腐果、畸形果、空洞果;每穗挂果6~8个,可成串采摘;果实商品性能好,风味佳,口感好,耐热,抗裂。

(27)**黄金果** 无限生长型,中熟,耐热、耐寒、抗裂,抗烟草花叶病毒病、黄萎病、枯萎病;植株长势旺盛,叶色深绿;果微扁圆形,黄色,单果重130~200克;连续坐果能力强;果实商品性能好,风味佳,口感好,耐贮运。

(28)**台湾圣女** 无限生长型,早熟;结果力强,每穗可结果达60个;果实呈长球形,果色红亮,单果重14克,不易裂果,特耐贮运;果实脆嫩,风味独特,品质优良。

(29)**阳光** 无限生长型,抗花叶病毒病、叶霉病、枯萎病、银屑病和根结线虫病;植株长势旺盛,株型紧凑;果实圆形,果深红色,硬度高,风味佳;每序可结果20~22个,单果重15~20克,丰产性好,耐裂果。

(30)**千嬉** 樱桃型番茄,早熟,无限生长型,耐凋萎病,高抗根结线虫病;果桃红色,椭圆形,重约20克,含糖量9.6%,风味佳,不易裂果,每穗结果14~31个,高产,耐贮运。

(31)**金千嬉** 无限生长型樱桃型番茄,早熟,耐凋萎病,高抗根结线虫病;果金黄色,椭圆形,单果重约20克;含糖量10%左右,风味佳,不易裂果,耐贮运;每穗结果14~30个,高产。

(32)**樱花** 无限生长型,植株长势强健,抗花叶病毒病、叶霉病、枯萎病;果实葡萄形,有轻微纹,亮红色,硬度高,风味佳;单果重25~30克,适合整序果采收。

(33)**艾玛P99** 无限生长型,植株长势壮,抗病性强;果实椭圆形,粉红色,大小均匀,单果重20~25克;坐果性极好,每穗果数可达20个,不裂果,口味好,硬度高,极耐运输。

(34)**浙粉302** 无限生长型,早熟,耐低温,高抗叶霉病,兼抗病毒病和枯萎病;果实高圆形,品质佳,宜生食,成熟果着色均匀,色泽鲜亮,商品性好;单果重300克左右,大果重450克以上,稳产高产;适应性广,极耐运输。

(35)桃秀 无限生长型,高抗叶霉病,并对多种病害有复合抗性,生长旺盛;果实高圆球形,粉红色,单果重230克左右;低温坐果膨大较好,畸形果少;果实商品性能好,风味佳,口感好。

(36)齐粉 无限生长型,中早熟,耐低温,耐弱光性好,对病毒病、叶霉病和枯萎病有较强抗性,长势中等;果实高圆球形,皮厚而坚韧,耐贮运;成熟果粉红色,着色一致,单果重200~350克。

(37)粉安娜 无限生长型,长势旺而稳健,开花数量多,容易坐果,可结果15~20穗;单果重200~250克,果形较圆滑,粉红色,色泽好,果肉厚,果实坚硬不易空心,耐贮运,可与一般厚皮红果相媲美。

(38)玛瓦 无限生长型,中熟,耐贮藏,抗烟草花叶病毒病、枯萎病,耐筋腐病;果实扁圆形,大红色,口味好,中大果,单果重200~230克;果实硬,耐运输。

(39)百利 无限生长型,抗烟草花叶病毒病、枯萎病等;长势旺盛,坐果率高,丰产性好,耐热,在高温、高湿条件下能正常坐果;果实大红色,圆形,单果重180~200克,色泽鲜艳,口味极佳,无裂纹、无青肩现象;质地硬,耐运输,耐贮藏,适合出口和外运。

4.大棚番茄栽培技术要点

(1)大棚番茄春提早栽培技术要点

①品种选择。应选用抗病、早熟、耐低温、耐弱光、结果集中、丰产的品种。

②培育壮苗。播种期的确定:适宜的播种期应根据当地气候条件、定植期和壮苗标准而定,一般在11月初播种育苗。适龄壮苗要求定植时具有6~8片叶,第一花序已现蕾,茎粗壮,叶色浓绿且叶片肥厚,根系发达,苗龄50~60天。

③深耕重施基肥。移栽定植前20天,选择前茬没有种植过茄果类蔬菜的肥沃土壤,土壤以有机质含量高的砂壤土为好。深翻地

30~40厘米,结合翻地每亩施腐熟有机肥5000千克左右、45%三元复合肥30~40千克。整地做畦,进行晾晒,以提高地温。6米大棚一般做4畦,沟宽40厘米,畦宽100厘米,栽2行。

④定植。定植时间一般在2月下旬至3月上旬,抢晴定植。定植前喷一次杀菌剂,做到带药下田,边定植边浇定根水。定植密度每亩为2500~3000株,行株距60厘米×35厘米。定植后插上小拱棚,盖上0.04毫米拱膜,若温度不超过38℃,1周内不放风,促发新根。

⑤定植后的管理。

温湿度的控制:定植后要保证较高温度,加速缓苗。定植后3~4天内棚温维持在白天25~30℃、夜间15~20℃,空气湿度80%左右。缓苗后要降低棚温,白天20~25℃,夜间10~15℃。在果实膨大期温度可适当提高,白天25~28℃,夜间15~17℃,空气湿度45%~60%,土壤湿度85%~90%。特别是在果实接近成熟时,棚温可稍提高2~3℃,加快果实红熟。当最低气温稳定在15℃以上时,可昼夜通风换气。

肥水管理:若定植时土温较低,则定植水不宜过大,定植3~4天后缓苗可稍大一些。缓苗后要进行蹲苗,严格控制浇水,以提高地温,保持土壤墒情,适当地控制茎叶徒长,促使体内物质积累,以利于根系生长。第一穗果长至核桃大小时,需结合浇水每亩追施尿素15千克或腐熟人粪尿1000千克。盛果期的肥水必须充足,一般每隔7天左右浇1次水,追肥1~2次。每次每亩追施尿素10千克左右,或用尿素、磷酸二氢钾进行叶面喷施。追肥灌水要均匀,不能忽大忽小,否则易出现空洞果或脐腐病。

搭架与绑蔓:在番茄定植2周左右开始搭架。搭架的方式有四角架、人字架、单排立架和吊架,最好是搭吊架或单排立架,有利于通风透光。吊架是用尼龙线吊蔓,每株番茄用一条尼龙线,上端绑在大棚骨架上,下端绑在小木棍上插入土中,随着植株的生长,用撕裂膜将蔓绑在尼龙线上。单排立架的搭法是:每株番茄边插一根竹竿,插成单排直立状,再用 3 道架竿连成一体,架的顶端南北向用横竿固定。搭架后就进行第一次绑蔓,位置在第一花序下 1～2 片叶处,不能绑在花序处,否则将影响营养向花序运输。搭架后向架材、植株及畦面喷 1∶1∶200 倍波尔多液,杀菌防病。

整枝及保花保果:整枝的类型主要有单干整枝、双干整枝和改良单干整枝等方法。无限生长类型的品种一般采用单干整枝;有限生长类型的品种一般采用改良单干整枝,每株留果 3～5 穗,每穗留 3～4 个果。后期应随时摘除下部的病叶、黄叶、老叶,以利通风透光。冬季温度低,影响授粉受精,引起落花,可用沈农 2 号或防落素喷花,或用 2,4-D 点花以保花保果。

(2)大棚番茄秋延迟栽培技术要点　大棚番茄秋延后栽培即夏播秋收栽培。番茄的生育前期高温多雨,病毒病等病害较重;生育后期温度逐渐下降,又需要防寒保温,防止冻害。大棚秋冬茬番茄多在 8 月上旬播种,8 月下旬至 9 月初定植,11 月份开始上市。采用保温、覆盖等措施,可延长至元旦前后拉秧。

①品种选择。大棚秋延迟番茄栽培应选择中早熟、植株中等偏小、适合密植、品质优良、果形整齐、耐贮运、高抗病毒病的品种。

②育苗。大棚秋延迟番茄育苗时期,应根据当地市场需要或销往外地市场的特点,于 8 月中上旬播种。培育适龄无病毒病的壮苗是秋延迟番茄栽培成功的关键。高温、强光、多雨、虫害、干旱及伤根等,是诱发病毒病的重要因素。因此,在苗期管理上,要做到"六防",即防强光、防暴雨、防高温、防干旱、防伤根、防蚜虫。具体应掌握以下几点:晴天中午前后要用遮阳网对苗床进行遮阳,避免强光照射苗床。雨天要用塑料薄膜对苗床进行遮雨,不要让雨水冲刷苗床。用防虫网密封苗床,防止蚜虫、白粉虱等病毒媒介进入育苗床。用育苗钵护根育苗,保护根系。

③定植。秋延迟番茄定植采用大小行栽培,起 80 厘米宽的定植垄,垄距 60 厘米(走沟),垄上小行距 65 厘米,株距 45 厘米,每亩定

植3000~3500株。番茄苗龄25~30天时进行定植。

④定植后的管理。

定植后扣膜前的管理：番茄定植后，气温较高，塑料薄膜无法扣上。因此，秋延迟番茄定植后要有一段露地生长过程。定植后必须继续坚持以防病毒病为中心的管理。可5~7天喷洒1次灭蚜的农药，发现蚜株及时拔除，结合防蚜喷施防治病毒病药剂。期间要合理蹲苗、保墒，严格控水，防止徒长。

适时扣膜：9月下旬时，气温下降后，要及时覆盖棚膜。盖棚膜前，可先覆盖地膜，有利于提高地温，同时可在膜下浇水，减少地面水分蒸发，降低空气相对湿度。

扣膜后的管理：扣膜初期，要注意通风降温、排湿，特别要防止夜温过高。一般控制晴天温度白天为25~27℃，夜间为14~16℃。以后随光照时间的缩短和光照强度的降低，天气渐渐变冷，要及时加盖草苫，草苫可在10月下旬盖上，双层苫也要从11月中旬起逐渐加上。扣膜后空气湿度大，番茄灰霉病、晚疫病、叶霉病等可能发生，要注意及时喷药，加以预防。一旦发现病叶，应及时摘下拿到棚外处理。第一花序上的果长至核桃大小时，可进行第一次追肥浇水。一般每亩用硝酸铵20~25千克，顺水冲入。每次灌水后，都要及时中耕培垄，随着气温逐渐降低，减少灌水次数，后期可将植株下部叶片打掉，并注意避免空气相对湿度过大和薄膜上的水滴落到植株上。秋延迟番茄栽培多采用单干整枝，留3~4穗果摘心，每穗果留4~5个即可。

(3) 大棚番茄越冬茬栽培技术要点

①定植时期和方法。越冬茬大棚番茄宜选用耐弱光、耐低温无限生长类型的番茄，可在9月上旬播种育苗，苗龄60~70天，10月下旬至11月上旬定植。定植前要施足基肥，一般每亩施充分腐熟的鸡粪10米^3，复合肥100千克，硫酸钾20千克，硼镁肥、锌肥各1千克。结合深翻施入土壤，然后整地，做南北畦，畦宽1.4米，每畦栽2行，

成大小行，大行90厘米，小行50厘米。每亩栽2000株左右，定植后覆盖地膜，膜下浇1次透水，以利缓苗。

②温湿度管理。定植后保持温度白天28～30℃，夜间15～18℃，并保持棚内较高湿度，以利缓苗。缓苗后适时通风，调节棚内温湿度，白天20～25℃，夜间15℃左右，开花期适宜昼温为20～30℃，夜温为15～20℃，15℃以下和35℃以上温度均易造成落花。结果期要保持较低湿度，白天25～28℃，夜间尽量控制在13～17℃。

③光照管理。番茄对光照要求较高，在保证温度的前提下，应早揭晚盖草苫或保温被以增强光照，延长光照时间。同时，及时清除膜上灰尘，增强薄膜的透光率。

④肥水管理。定植时浇透水，缓苗阶段若土壤水分不足，可轻浇1次缓苗水。缓苗后应适当控水，进行蹲苗，以促进其根系生长。开花结果前应尽量少浇水和少施肥，严防秧苗徒长。开花结果后应及时加大肥水供应，一般15～20天后在膜下暗灌1次，并可结合浇水，每亩随水冲施复合肥10～15千克。追肥应掌握每收1穗果追1次肥的原则。盛果期浇水要均匀，忌忽大忽小，以防裂果。

⑤植株调整与保花保果。当番茄植株长到30厘米左右、第一序花开花时，应及时进行吊绳支撑植株。越冬茬番茄一般采用单干整枝，整枝与打杈同时进行。当第一花序下最大侧枝为5～7厘米时，开始整枝，将所有侧枝去除，只留主干，以利于通风透光，减少养分的消耗。此后陆续去除侧枝，主干有6～8穗果时打顶，一般每穗留3～4个果实。若季节许可，可在即将采收完时，留1个侧枝继续生长结果，同时打去植株下部的衰老叶片。将茎蔓向下放，侧枝留3～4穗果再打顶，侧枝不能留得太早，以免影响前期果实的膨大。为防止低温时落花落果，可适时应用20毫克/升2,4-D或30毫克/升防落素进行保花保果处理。

⑥采收。冬季气温低，光照弱，果实膨大、着色较慢，开花后需60～70天才能缓慢成熟。为促进果实早上市和减轻植株负担，可适

时将进入成熟期的番茄果实摘下,采用乙烯利进行保温催熟。待进入春季后,随着气温的升高,果实生长速度加快,对已经成熟的番茄要及时采收上市。

二、辣 椒

辣椒,别名海椒、辣子、辣角、番椒等,原产于中南美洲热带地区,在墨西哥栽培很多。16 世纪辣椒传入欧洲,目前已遍及世界各国。

辣椒的营养价值较高,维生素 C 含量在蔬菜中名列前茅,味辣,可鲜食或做成酱菜和调味品,是我国人民喜食的蔬菜,特别是西北的甘肃、陕西,西南的四川、贵州、云南,华中的湖南、江西等地,几乎每餐必备。辣椒果内含有辣椒素和辣椒红素,有促进食欲、帮助消化等作用。

1. 主要生物学特性

(1)植物学特征 辣椒的根系不如番茄根系发达,根量少、入土浅,茎基部不易产生不定根。在育苗条件下,若主根被切断则主要根群仅分布在土表 10～15 厘米深的土层内,因此,在辣椒栽培中保护根系育苗显得尤为重要。辣椒茎直立,无限分枝或有限分枝,单叶互生,卵圆形或长卵圆形。有少数品种叶面密生绒毛。辣椒花为完全花,单生或簇生,无限分枝型品种的花多为单生,有限分枝型品种的花多为簇生(2～7 朵)。生长正常时辣椒的花药与雌蕊的柱头等长或稍长,营养不良时易出现短花柱花,短花柱花因授粉不良易出现落花。辣椒属常异交作物,天然杂交率约为 10%。果实为浆果,小果形辣椒多为 2 心室,圆形或灯笼形辣椒多为 3～4 心室。无限分枝型品种的果实多为下垂生长,有限分枝型品种的果实多朝上生长。辣椒果实的形状和大小差别很大,通常有扁圆形、圆形、灯笼形、近方形、线形、长圆锥形、短圆锥形、长羊角形、短羊角形、樱桃形等形状。大果形甜椒品种不含辣椒素,小果形品种辣椒素含量高,辛辣味浓。辣椒种子扁平、近圆形,表面微皱,淡黄色,千粒重4.5~8.0克,种子发芽年限3~4年,使用年限2~3年。

(2)生长发育特性

①发芽期。从胚根伸出种皮到第1片真叶展开为发芽期。发芽期属异养阶段,选择饱满的种子播种及防止"戴帽"出土,有利于培育壮苗。

②幼苗期。从第1片真叶展开到现蕾为幼苗期。辣椒在3~4片真叶时开始花芽分化,花芽分化前为基本营养阶段,花芽分化后进入营养生长与生殖生长的同步生长阶段。在生产上,分苗要在花芽分化前完成。

③开花坐果期。从辣椒开花至第1个果(称为"门椒")坐稳为开花坐果期。开花坐果期是以营养生长为主过渡到以生殖生长为主的转折期。此期既要防止门椒坐住时叶面积偏小造成"坠秧",也要防止生长过旺造成植株徒长形成"疯秧"。在生产上常在初花期采取"控"的措施促进根系生长,而门椒坐稳后采取"促"的措施实现营养生长与生殖生长的并重生长。

④结果期。从门椒坐住到收获结束拉秧为结果期。结果期的特点是秧果同步生长,需要采取加大肥水的管理措施,促进营养生长和生殖生长的平衡,以延长结果期。

(3)对环境条件的要求

①温度。辣椒种子发芽的适宜温度为20~30℃,高于35℃或低于10℃条件下均不能发芽;辣椒的生长温度范围为15~34℃,适宜温度为白天23~28℃,夜间16~20℃,地温20~28℃。

辣椒在15℃以下生长极慢,不能坐果,10℃以下生长停止,5℃以下植株受不同程度冻害,引起植株死亡;若温度高于35℃,则生长迟缓、落花落果,36℃以上生长基本停止。

②光照。辣椒对光照的适应性较强。一般说来,辣椒需要充足的光照,但它比其他果菜类更耐弱光。辣椒对光照的要求也依不同

生育时期而有别。发芽时种子要求黑暗条件,在有光条件下往往发芽不良;幼苗期需良好的光照条件;开花结果期光照充足有利于促进花器生长发育,光照不足则会引起落花落果。

辣椒对日照长短反应不敏感,只要温度适宜、营养条件好,在光照长或短条件下均能开花、结果。

③水分。辣椒不耐旱也不耐涝,虽然单株需水量不多,但因根系较小,吸收力弱,需经常供给水分才能生长良好,故要求湿润疏松的土壤。若土壤干旱,则植株矮小,果实僵小;土壤积水则会因土壤缺氧而影响根系发育。

空气湿度对辣椒生长也有影响,一般空气相对湿度为60%～80%时有利于茎叶生长及开花坐果。若空气湿度过高,则不利于授粉受精,并易引发多种病害。

④土壤。辣椒适于在中性或微酸性土壤上栽培。一般要求土层深厚、结构良好、营养丰富、易灌易排的肥沃壤土。在盐碱地上栽培的辣椒根系发育不良,叶片不肥大,易感病。

⑤矿质营养。辣椒对氮、磷、钾三元素要求较高,其一生的施肥搭配比例为1∶0.5∶1。只有供给充足的氮肥,植株才长得旺盛,但若偏施氮肥,缺乏磷、钾肥,则会使植株徒长,并易感染病害。施用足量磷肥,能促进根系发育及花芽分化,提早开花结果。钾肥充足能促进植株对氮、磷的吸收,加快营养物质运转,使茎秆粗壮,增强植株抗逆性,并有提高产量、改善品质等作用。

⑥空气。辣椒根系对土壤含氧量要求较高,如果土壤通气不良,就会影响根系呼吸,限制根系对水分与矿质养分的吸收。因此,应选择通气良好的土壤,实行高垄栽培和浅栽,并注意夏季雨后及时排水。

2. 设施选择与茬口安排

设施大棚辣椒栽培的茬口安排一般为春提早和秋延后,越冬栽培较少。采用普通塑料薄膜大棚、复式塑料薄膜大棚进行辣椒生产,江淮地区一般早春茬在12月份播种育苗,2月下旬至3月上旬定植,4月份开始采收,7月底采收结束;延秋茬在7月中上旬育苗,8月中旬定植,11月下旬至12月上旬采收结束。采用冬暖式塑料薄膜大棚春季早熟和秋季延后栽培的种植期,则分别比普通大棚提早或延后1个月左右。

3.优良品种

甜椒优良品种

(1)**中椒7号** 早熟,耐病毒病,中抗疫病;植株生长势强,果实灯笼形,果长9.6厘米,横径7厘米,果肉厚0.4厘米,绿色,单果重100~120克,味甜质脆。

(2)**中椒105号** 中早熟,抗病毒病,生长势强,连续结果性好,第一朵花着生在第9~10叶节,定植后35天左右开始采收;果实灯笼形,3~4个心室,纵径10厘米,横径7厘米左右,单果重100~120克;果色浅绿,果面光滑,果肉脆甜,品质优良。

(3)**中椒107号** 早熟,抗烟草花叶病毒,中抗黄瓜花叶病毒;定植后30天左右开始采收;果实灯笼形,3~4个心室,平均单果重150~200克;果色绿,果肉脆甜。

(4)**湘研17号** 早熟,抗疫病、病毒病、炭疽病、耐热、耐涝;株高47厘米,开展度52.5厘米,果实为灯笼形,表皮光滑,肉厚,无表皮沟或沟浅,绿色;早期坐果性好,挂果集中,早期产量高,经济效益高。

(5)**农发** 中熟,果实长灯笼形,绿色;果长13~14厘米,横径8~9厘米,果肉厚6~7毫米,单果重150克;果面光滑,质脆味甜,品质优良。

(6)**甜杂1号** 早熟,果实长圆锥形,果色绿,果面光滑;果长12.3厘米,横径5.1厘米,果肉厚4.5毫米,果肉质脆味甜,单果重60~80克。

(7)京彩黄星 2 号 为中熟一代杂种;幼果绿色,成熟果金黄色;果实方灯笼形,果长 9 厘米,横径 10 厘米,果肉厚 6 毫米;果面光滑,肉质脆嫩,单果重 180～250 克。

(8)格鲁西亚 抗烟草花叶病毒病;产量高,品质好,商品性好;植株开展度中等,生长力中等,节间短;果实大,长方形,壁厚,果实长度 12～14 厘米,平均直径 8～10 厘米,平均单果重 200～250 克;外表光亮,成熟时颜色鲜红,可在绿果期采收也可以在红果期采收。

辣椒优良品种

(1)**新皖椒 1 号** 早熟,抗病毒病和疫病;果实耙齿类型,长度一般为 18～20 厘米,平均单果重 80～120 克,辣味适中,品质佳。

(2)**皖椒 4 号** 早熟,抗病毒病、炭疽病,耐旱;株高 60 厘米,始花节位在第 10～11 节;果形牛角形,果色深绿色,果面光滑;纵径 15 厘米,果横径 4 厘米,果肉厚 0.3 厘米,果肉质嫩,味微辣,单果重 50～60 克,平均单株果数 40～50 个。

(3)**苏椒 5 号博士王** 早熟,耐肥、耐低温、耐弱光,抗性强;分枝性强,早期结果多且连续结果性强,果实膨大速度快,果实大,长灯笼形,果皮黄绿色,皱皮,皮薄质嫩,微辣。

(4)**汴椒 1 号** 中早熟,高抗病毒病;果实为粗牛角形,长 14～16 厘米,粗 4～5 厘米,单果重 80 克左右,肉厚品质好;易坐果,结果集中,青熟果深绿色,老熟果鲜红色,辣味适中,果实商品性好,耐贮藏运输。

(5)**湘研 3 号** 中熟、大果、丰产,抗病毒病、炭疽病、疮痂病、疫病;植株生长势较强,株型紧凑,分枝力较强,节间短;始花节位在第 11～15 节;果实粗大,牛角形,平滑无皱,绿色;微辣带甜,肉质细软,外形美观,风味甚佳;耐湿、耐热力强,耐寒力一般,不耐旱。

(6)**湘研 11 号** 极早熟品种;生长势中等,叶色浓绿;果实粗牛角形,深绿色,果长 13 厘米,宽 3.7 厘米,肉厚 0.28 厘米,单果重 34.2 克;除具有湘研 1 号的优点外,果实变大,果肉更厚,早期产量高,耐寒性强。

(7)湘研13号 中熟,耐寒、耐热、耐旱,抗病毒病,较耐疫病;植株长势中等,株型紧凑,分枝多,果实大,呈牛角形,单果重58～100克,味微辣。

(8)湘研19号 早熟,丰产,耐寒性强;株高48厘米,开展度58厘米,果实长牛角形,果形直,果长16.8厘米,宽3.2厘米,肉厚0.29厘米,单果重33克;皮光无皱,辣味适中,肉质细软,果实空腔小,果肉厚,适于贮运。

(9)中椒10号 早熟,果实粗羊角形,绿色;果长16.2厘米,横径3.1厘米,肉厚3毫米左右;果肉质嫩,微辣,单果重30克。

(10)海丰23号 早熟,植株生长势强,坐果集中;果实牛角形,绿色,微辣;果长22～26厘米,横径4厘米左右,肉厚3毫米;单果重100克左右,最大果重150克;果实顺直,果面光滑,商品性好。

(11)洛椒4号 早熟,抗病性较强;果实粗牛角形,绿色,果面光滑;果长14～18厘米,横径4.5～5.5厘米,肉厚3毫米,微辣,单果重60～80克。

(12)宁椒5号 中熟,抗炭疽病,耐病毒病;果实长牛角形,绿色,果面光滑;果长20～22厘米,横径3厘米,肉厚3毫米,果肉质脆,微辣,单果重50克。

(13)杭椒1号 早熟,耐寒、耐热性较强;植株直立,主茎第7～9节左右着生第一朵雌花,果实羊角形,果顶渐尖,果长10～12厘米,嫩椒深绿色,微辣,胎座小,品质优,适于保护地及露地栽培。

(14)杭椒7号 早熟,高产,优质,抗病;其植物学特性类似于杭椒1号,但其长势更强,丰产性更好,比杭椒1号果长,辣味淡,适宜春、秋保护地栽培及露地栽培。

4.大棚辣椒栽培技术要点

(1)大棚辣椒春提早栽培技术要点

①品种选择。选择早熟、丰产、抗病的辣椒品种。

②培育壮苗。增加增温措施和保温材料,采用电热线加温或其他加温方式进行穴盘基质育苗。壮苗特点为:苗高15厘米,有8~10片健壮叶片,节间短,根系发达,现大蕾,有少量开花。

③整地、施肥。辣椒对土壤的要求比茄子、番茄严格,最好选择土层深厚、肥沃松软、排水良好的黏壤土或砂质壤土,不宜与茄果类、瓜类、马铃薯及棉花连作。前茬收获后深耕20~30厘米晒土冻垡。施足基肥,每亩施腐熟的堆杂肥5000~6000千克,人畜粪2500~3000千克,复合肥30~50千克或过磷酸钙40~50千克、钾肥10~15千克。在定植前半个月均匀撒施并翻入土中。整地做畦后,覆盖黑地膜,既可以抑制杂草生长,又有利于保持土壤墒情和提高地温。

④定植。当10厘米土温稳定在10℃以上时进行定植。定植密度一般为每亩3000~3500株。定植后及时浇水,尽量少伤根系。

⑤田间管理。

温度管理:定植后应保持较高的温度以促进缓苗。若白天温度超过35℃,可稍放风降温。有小拱棚的白天揭开小拱棚膜透光,晚上盖严保温。幼苗长出新根后开始逐渐通风,温度保持在白天25~30℃,夜间15~20℃。温度达不到时仅在中午前后短时通风,当外界最低气温稳定在15℃以上时,晚上可不再关闭通风口。

水分管理:定植时要浇足定根水,定植后3~5天再浇缓苗水,水量不宜太大,以免降低地温影响缓苗。第一批果实开始膨大后逐渐增加水量,保持土壤见干见湿。结果期要保证水分供应,晴天应增加浇水次数和水量,低温季节适当减少浇水次数和水量。在浇水的同时还应进行棚内通风换气,棚内相对湿度保持在70%左右,避免棚内湿度过高,引发病害。

施肥:辣椒生长结果期长,需肥水较多,应结合浇水进行追肥。生长前期一般每隔10~15天追1次肥,当植株大量结果和采收时每隔7~10天追1次肥。每次施10~15千克复合肥,促使植株稳长健长,有利于延长结果期。

第三章　大棚茄果类蔬菜栽培技术

植株调整:植株茎部(分叉以下部分)的徒长枝及病枝、受伤枝、多余侧芽可以抹掉,以增加植株间通风透光,促进有效分叉,减少养分消耗和预防病害。整枝宜选在晴天进行,整枝后及时喷药,以防伤口感染病害。

⑥采收。根据植株的长势情况,确定是否采收门椒和对椒。若苗弱,则及时采收,以促进植株生长;若生长过旺,则不要采收,以抑制其生长。在采收期,当果实充分长大、果面有光泽、果肉厚实时即可采收。采收过程要细致,不要损伤枝叶。为追求最大经济效益,也可根据市场行情调整商品果的采收时期。

(2)大棚辣椒秋延迟栽培技术要点　秋延迟栽培后期光照弱、温度低,为了争取在有限的时间里获得产品,在整个生长过程中都要"重促、忌控",并尽最大努力防治病毒病。

①选择适用品种。宜选用中早熟、抗病毒病能力强的品种。

②育苗。秋延迟育苗时正值高温多雨季节,采用营养钵护根育苗和搭棚遮阴防雨是预防病毒病的基本措施。种子出苗后,要利用光照弱的早晚时期逐渐使其见光,以后避开中午强光高温,尽量增加光照。当幼苗长至2叶1心时,趁傍晚或阴天分苗到营养钵内,起苗时尽量避免伤根。移栽时要保持根系舒展,不要栽植太深。栽后仍然放到遮阴棚下,成活后逐渐增加光照。要避免蚜虫危害,出苗后每5～7天喷1次除蚜灵,发现蚜株及时拔除埋掉。苗龄30～40天,植株长有9片真叶时即可定植。

③定植。定植前要先施肥整地,一般每亩用优质圈肥10000千克,同时施入氮、磷、钾复合肥,深翻2遍,耧平后开沟,沟内每亩施饼肥150千克、尿素25千克,然后起垄。小行距45厘米,大行距55厘米,垄高15～18厘米。垄上按30厘米开穴,每穴栽大小一致的苗2株。要选阴天或多云天气定植,晴天应在傍晚时进行。定植时穴浇稳苗水,全棚定植完后顺沟浇大水,将垄润透。

④定植后管理。定植后要抓紧做好三项工作:一是缓苗期注意

浇水促苗,缓苗后浇1次水,以后加强中耕保墒,促进根系生长。二是防治蚜虫,同时喷农药,预防病毒病。三是在夜温低于16℃前,将棚膜扣上。扣膜初期要加强通风,以后白天温度不宜超过30℃,夜间温度不宜低于16℃。夜间温度不能保证时,要及时加盖草苫。结果期间还要根据植株生长情况适当追肥浇水。

⑤采收。辣椒坐果后20天左右果实长大,但皮薄味淡,一般在开花35~40天后,果实长足、果肉变厚、果皮变硬时进行采收。采收时为了不损伤幼枝,最好用剪刀进行剪果。

(3)大棚辣椒越冬茬栽培技术要点

①选择适用品种。应选用耐低温、抗性强的优良品种。

②播种育苗。育苗培养土采用6份未种过茄科作物的田园表土和4份腐熟有机肥混合配制。种子经杀菌处理、催芽后播种,2片真叶时分苗,采用营养钵护根育苗。一般苗龄45~50天,株高15~20厘米,部分植株出现花蕾。

③整地做畦。在前茬作物收获后及时清园。每亩施腐熟的农家肥10000千克、磷酸二铵30千克、硫酸钾复合肥20千克,深翻细耙。按垄宽80厘米、沟宽40厘米、垄高15~20厘米起垄,再在垄中央开一条深10~15厘米、宽20厘米的暗灌沟。

④定植。应选晴天进行定植,每垄按双行三角形单株定苗,株距30厘米,每亩栽3700株。定植时先在定植穴内浇水,定植完后在膜下浇透水。

⑤田间管理。

温度及通风管理:定植后为促进缓苗,一般不放风。当温度超过30℃时应从顶部放风,白天室温25~30℃,夜间15℃左右。开花结果期白天温度25~28℃,低于或高于此范围则果实生长缓慢或落花,夜间温度在13℃以上。开春后随气温升高应加大通风量,夜间逐渐减少草苫覆盖,当外界最低气温稳定在15℃时,方可进行昼夜通风。

光照管理:应早揭苫、晚盖苫,尽量延长光照时间,阴雪天可揭苫争取散射光照,及时清洁膜面,增加透光率。

肥水管理:定植时浇透水,以后只浇暗灌沟。门椒坐果前一般不需浇水,当门椒长到3厘米左右时,结合浇水进行第一次追肥,每亩施尿素10千克,腐熟沼液2000千克。中期要适当增施鸡粪等有机肥。冬季要控制灌水,开春后随气温升高,每隔7天左右灌水1次,进入2月下旬开始灌大沟。

植株调整:结果后要及时摘去门椒以下腋芽萌发的侧枝。进入结果中期应及时摘除病叶,并剪除重叠枝、拥挤枝、弱枝、徒长枝,以改善通风透光条件。

⑥采收。采收时为防止坠秧,门椒应适当早摘,其他应在果实长到最大限度、果肉充分增厚、呈现出该品种固有特征时进行采收,采收时应防止折断枝条。

三、茄　子

茄子又名落苏、昆仑瓜,起源于亚洲东南热带地区,早在4~5世纪就传入我国。由于茄子的营养价值很高,食用方法又比较多,所以茄子很快就成为我国农家主要的自给性蔬菜。随着生活水平不断提高,人们对时令鲜菜、反季节鲜菜的需求越来越高。北方地区保护地栽培发展迅速,塑料大棚茄子的栽培面积不断增加,栽培技术也不断完善,经济效益看好,保护地栽培茄子有着很好的发展前景。随着国民经济的进一步发展,茄子生产特别是保护地茄子生产将发展更快、更好,在菜篮子工程建设中将会发挥更大的作用。

1.主要生物学特性

(1)植物学特征　茄子根系发达,主根深度可达1.3~1.7米,横向伸长直径超过1米,主要根群分布在30~35厘米内的耕层中。茄子根系木质化较早,发生不定根能力较弱。茎直立、粗壮,分枝习性为假二杈分枝。主茎生长到一定节位时茎端形成花芽,由花芽下的2

个侧芽生成2个第一次分枝,在分枝上的第二叶或第三叶分化后,顶端又形成花芽,花芽下2个侧芽又以同样方式形成2个侧枝。叶片为单叶互生,有长柄,正背面均有粗茸毛,大果类型的叶片有肋和锐刺。完全花,开花时花药顶孔开裂散出花粉,多为单生,个别品种簇生,一般为自花授粉,但也有一定的异交率。果实为浆果,种子较小,千粒重3～5克,种子发芽年限3～5年,使用年限2～3年。

(2)生育特性

①发芽期。从胚根突出种皮到真叶出现为发芽期。发芽期需要较高的温度,在30℃左右只需6～8天,且发芽率较高;在20℃条件下,发芽期可延长至20天,且发芽率低。

②幼苗期。从真叶出现到门茄现蕾为幼苗期。在幼苗期同时进行营养器官和生殖器官的分化和生长。茄子生长至4片真叶、幼茎粗度达2毫米左右时开始花芽分化。分苗应在4片真叶展平前进行。

③开花结果期。门茄现蕾后进入开花结果期。门茄现蕾标志着幼苗期结束,但在门茄"瞪眼"以前,植株还是处在以营养生长占优势的阶段,这时应对营养生长适当控制,促进营养物质向果实生长分配。进入门茄"瞪眼"期以后,应加强肥水管理,促进门茄果实膨大及茎叶生长。在对茄与"四母斗"膨大时期,植株处于旺盛生长期,生产上既要促进果实的生长,又要保持植株生长势的旺盛,防止早衰。当进入"八面风"时,已进入结果后期,应以维持植株长势为主。

(3)对环境条件的要求

①温度。茄子喜高温,种子发芽适温为25～30℃,幼苗期发育适温为白天25～30℃,夜间15～20℃。温度在15℃以下生长缓慢,并引起落花,10℃以下停止生长,5℃以下产生冷害,生长的最低地温为12℃。在适温范围内,温度低时,花芽分化推迟,但长柱花多;温度高、特别是夜温高时,多产生短柱花。

②光照。茄子是喜光作物,当日照时间长、光照度强时,植株生

长旺盛,如光照减弱50%,产量同步下降。因此,在冬季生产时,很有必要改善设施的光照条件。

③水分。茄子枝叶繁茂,结果多,需水量较大。不同生育期对水分的需求不同,门茄坐果前需水量减少,结果盛期对水分需求量增大。茄子的适宜土壤相对湿度为70%,湿度过大时易烂根,空气湿度过大易流行病害。

④土壤与营养。茄子对土壤适应性强,适宜的土壤pH为6.8~7.3。在营养需求上以氮肥为主、钾肥次之、磷肥较少。每生产1000千克茄子,需吸收氮3.3千克、五氧化二磷0.8千克、氧化钾5.1千克。茄子植株不同部位对氮素吸收的比例为:叶占21%,茎占9%,根占8%,全部果实占62%。所以,结果期需要补充大量氮肥。

2.优良品种

(1)**黑丽人长茄** 早中熟杂交一代茄子品种;生长强健,分枝力强,坐果率高,果实生长速度快;果实长直棒状,果长25~30厘米,横径7厘米左右,单果重400克左右,果色紫黑油亮,无青头顶,无阴阳面,畸形果少;耐运输,商品性好,货架期长;耐低温、耐弱光,低温下坐果能力明显强于同类品种,耐黄萎病,产量高。

(2)**布利塔** 属长茄类型;植株开展度大,花萼小,叶片中等,无刺;早熟,丰产性好,生长速度快,采收期长;果实长形,果长25~35厘米,直径6~8厘米,单果重400~450克;果实紫黑色,绿把,绿萼,质地光滑油亮,比重大,味道鲜美,货架期长,商品价值高。

(3)**东方长茄** 属长茄类型;植株开展度大,花萼中等大小,叶片中等大小,无刺;早熟,丰产性好,生长速度快,采收期长;果实长形,果长25~35厘米,直径6~9厘米,单果重400~450克;果实紫黑色,质地光滑油亮,比重大,味道鲜美,货架期长,商业价值高。

(4)**月神** 植株生长旺盛,开展度大,花萼小,叶片中等大小;早熟,丰产性好,生长速度快,采收期长;果实长形,果长30~35厘米,直径4～6厘米,单果重250～300克;果实紫黑色,绿把,绿萼,质地光滑油亮,比重大,味道鲜美,货架期长。

(5) **西方长茄**　植株生长旺盛,开展度大,花萼小,叶片中等大小,无刺;早熟、丰产性好,生长速度快,采收期长;果实长形,平均果长25厘米,直径5厘米,单果重350～450克;果实紫黑色,绿把,绿萼,质地光滑油亮,比重大,味道鲜美,货架期长,商品价值高。

(6) **百盛**　杂交一代早熟品种;植株生长旺盛,叶片中等大小,无刺;果实长形,果长25～35厘米,直径6～8厘米,单果重400～450克;果实紫黑色,光滑油亮,绿把,绿萼,商品性好,果肉较硬,特耐贮运,抗病性极强。

(7) **大黑龙**　早熟、丰产的夏秋品种;果长35～40厘米,果色浓黑紫,有光泽,在高温、干旱条件下不易褪色;肉质细密,品质佳,僵果少,商品率高;生长势及耐热性强,栽培容易。

(8) **黑冠长茄**　极早熟,坐果稳定,初期收获量多;长势直立,长势旺盛;果皮黑紫,有光泽,果长30～35厘米,横径4～5厘米,单果重170～200克;果形整齐,不易弯曲,肉质细腻,籽少;采摘后果皮不褪色,低温期不易出硬茄子,可以增产;抗病性强,适应性广。

(9) **托巴兹**　杂交一代中熟品种;植株长势旺盛,开展度大,花多,坐果好;果实长形,果长25～30厘米,直径6～8厘米,单果重250～300克;果实黑紫色,富有光泽,果柄及萼片呈绿色,果肉质地细嫩,风味佳;连续坐果能力强,抗病性强,丰产性好;点花或喷花时要根据季节采用不同的浓度,以保护果形的稳定;货架期长,耐贮运。适宜鲜食及出口。

(10) **博尼卡**　杂交一代极早熟品种;植株高大旺盛,株型紧凑,生长势强,叶片肥大浓绿,茎秆较粗壮;花多,坐果能力强,丰产性好;果实椭圆形,平均果长16厘米,直径约10厘米;果实紫黑色,光泽亮丽,果柄及萼片呈绿色,果肉紧实,耐贮运,货架期长;耐热性、抗病性强,适合露地栽培或保护地遮光秋延迟栽培。

(11)农友长茄 生长强健旺盛,抗青枯病,耐热,耐湿;中早熟,适应性广,生长势强;宜疏植,花穗多花性,结果力特强,持续采收期长;果实细长,皮紫色,肉白色,种子发育慢,皮薄肉细,品质柔软细嫩,产量高。

(12)利箭 杂交一代中晚熟品种;植株生长旺盛,开展度大,花萼小,叶片小;果实整齐一致,长形,果长25~35厘米,直径4~6厘米,单果重200~300克,上下粗细均匀,正常管理情况下很少有大头果;果实黑色有光泽,绿萼,果梗绿色,较长,易采收;果肉致密紧实,耐贮运,口感好,无苦味,商品性好;连续坐果能力强,产量高而稳定;抗黄萎病和红蜘蛛,耐低温能力强。

(13)牟尼卡 无限生长型,早熟杂交一代种;植株生长旺盛,节间中短,叶色深绿;果实光滑,长圆柱形,果皮颜色深紫色近乎黑色,有光泽;果柄、薄片均为绿色,果肉奶白色,适合炒食;坐果率高,抗病性和耐低温能力强,丰产性极好。

(14)阿瑞甘(HA-1726) 无限生长型,杂交一代种;植株壮旺、高大,生长势强,叶片大而色绿;果实长圆筒形,果长25厘米左右,横径6~8厘米,单果重300克左右,果皮深紫色,有光泽;连续坐果能力强,丰产性好;耐低温性、抗病性均强。

(15)快圆茄 株高50~60厘米,开展度较小;茎绿紫色,叶绿色,叶柄及叶脉浅绿色;门茄多着生于第6~7节;果实圆球形,稍扁,直径10厘米左右,果皮深紫色,有光泽,单果重约500克;耐寒,果肉细而紧,品质和外观均佳。

3. 大棚茄子春早熟栽培技术要点

茄子除进行春季露地普通栽培外,一般多采用大棚进行春早熟栽培。江淮地区多在头年11月份播种育苗,在来年2月份进行大棚定植,7月份采收结束,如经过修剪可越过夏季直到秋冬才拔秧。该技术相对比较简单,经济效益也比较高,是早春和初夏市场供应最重要的种植形式。目前茄子的越冬生产效益无法与黄瓜、番茄等相比,因此,茄子越冬生产较少。

(1)选择适用品种 宜选用耐寒、早熟、高产和抗病能力较强的品种。果形与果色应与当地或消费地习惯一致,关键是要选择膨果速度快的品种。

(2)育苗 春早熟育苗前期条件好,中后期温度低,光照差,必须特别注意加强苗床采光和保温。苗龄80～100天、苗高18～20厘米、植株长有7～8片叶、第一花蕾大部分现出时为定植适期。

(3)定植

①定植前的准备。春早熟施肥要求量大质优。施肥量和施肥方法可参照番茄部分内容。采取大小行种植,大行距80厘米,小行距50厘米,亦可按65厘米等行距起垄。垄高一般20厘米左右。由于是早熟栽培,一般栽植垄上要覆盖地膜以提高地温,促进早长早发。茄子也可按相应行距做平畦,在门茄坐果后变畦为垄。

②定植。选晴天上午定植。先在覆膜的垄上划破膜打穴,穴距因所选品种的熟型不同而异,早熟品种的株距为30～40厘米,中熟品种的株距为40～50厘米。为了创造更有利于早发的条件,定植后可再盖小拱棚,把相距50厘米的2行茄子扣到同一个小拱棚内。

(4)定植后管理

①缓苗期的管理。缓苗期内要创造高温高湿的条件,提高地温,促进发根和缓苗。为此,缓苗期大棚不能通风,小拱棚也要扣严,尽量创造高温条件。心叶开始生长即已缓苗,此时要通风降温,同时在行间中耕。中耕要由深到浅,由近到远,避免伤根。

②缓苗后至采收前的管理。

温度管理:此期正值早春,气温低,管理上以提高温度为主。白天的高温可以贮存一定的热量,对防止夜间温度下降过多有好处。夜温一般不要低于15℃,白天温度也不宜超过35℃。但此间不能只顾保温而忽视了通风排湿,因为高温高湿会引起植株徒长,也会对结果不利。

肥水管理：前期宜适当控制肥水，到门茄长至3~4厘米即"瞪眼"时，果实即进入迅速膨大期，这时就要开始追肥浇水。一般每亩追用复合肥15~20千克。

激素处理：为了保证坐果，促进果实生长，可在开花前后1日内蘸取生长激素涂花。

③结果前期的管理。门茄生长时期，温度保持在白天25~30℃，前半夜16~17℃，后半夜13~10℃，平均地温20℃。25天左右即可采收。门茄进入膨大期应及时追肥浇水，一般每亩施20~25千克复合肥。此期可喷用1%尿素、0.5%磷酸二氢钾和0.1%膨果素的混合液作根外追肥。

④盛果期的管理。门茄收完后，外界气温已高，茄子进入盛果期，此时要加强通风，防止高温和高湿的危害，同时要加强肥水管理，一般每10天浇1次水，2次水中间冲肥1次。一般每亩用磷酸二铵15千克、硝酸铵20千克或复合肥15千克，交替使用。

(5) 植株调整 春早熟茄子密度大，枝叶繁茂，尤其需要注意整枝打叶，以改善株行间通透条件，减少养分消耗，加速结果，促进早熟。

缓苗以后，随着果实的生长发育，门茄以下叶片逐渐失去功能，应及时摘除。春早熟茄子一般是采用双干整枝。

(6) 果实采收 果实要适时早摘，采收的适期可从果面上的一些表现来判断：果实上萼片两侧会长有大约3毫米宽的白条带，这是膨大生长后没有来得及着色的部分，当果实达到充分生长时，白条带变窄，这表明此时正是采收适期。

第四章
大棚豆类蔬菜栽培技术

豆类蔬菜为豆科一年生或二年生的草本植物,以嫩豆荚或嫩豆粒作为蔬菜食用,主要包括豇豆、菜豆、豌豆、蚕豆、扁豆等。豆类蔬菜营养丰富,富含蛋白质、碳水化合物、多种维生素和矿物质元素,经济价值高。

一、豇 豆

豇豆又名豆角、长豆角,原产于西非,公元前1000~前1500年传入印度,汉朝传入我国。豇豆在我国栽培面积很大,品种繁多。豇豆生产上采用不同品种和栽培方式,一年中可进行多次栽培,供应期较长,对蔬菜的周年供应有重要作用。近年来,随着保护地设施栽培的发展,豇豆也成为设施栽培的豆类蔬菜之一。

1. 主要生物学特性

(1)植物学特征 豇豆的根系较发达,主根明显,可深达50~80厘米,侧根着生比较稀疏,主要分布在15~18厘米耕层内,根的再生能力弱,根瘤菌不很发达。豇豆的初生真叶有2枚,单叶对生,以后真叶为三出复叶,互生。豇豆为自花授粉,在主蔓的叶腋处抽生花梗,总状花序,每花序有花蕾4~6对,常成对开花结荚。豇豆的荚果一般线形,长20~80厘米,长短、色泽因品种有很大差异,每个果荚含种子10~20粒。种子长肾形,种皮颜色有紫红色、褐色、白色、黑色或带花斑等,千粒重120~150克,发芽年限3~4年,使用年限2~3年。

(2)生育阶段

①发芽期。从种子萌发到第一对真叶展开为发芽期,一般要6~8天。

②幼苗期。从第一对真叶展开到7~8复叶时为幼苗期,需15~20天,在2~3复叶的时候开始分化花序原基。

③抽蔓期。从7~8复叶至现蕾前为抽蔓期,需10~15天。此期主蔓迅速伸长,同时其基部节位抽出侧蔓,根系迅速生长并形成根瘤。

④开花结荚期。从现蕾开始到采收结束为开花结荚期。此期时间长短因品种、栽培季节而异,一般历时45~70天。

(3)对环境条件的要求

①温度。豇豆喜温暖,抗热性较强,但不耐霜冻。其种子发芽最低温度为8~12℃,适温为25~30℃,植株生长发育适温为20~25℃,开花结荚期适温为25~28℃。在35℃以上的高温下仍可继续生长结荚,15℃时生长缓慢,10℃以下生长受限制。当温度接近0℃时,植株会被冻死,温度高于35℃或低于15℃时,不仅植株早衰,大量落花落荚,而且豆荚易畸形,品质变差。

②光照。豇豆为喜光植物,若苗期光照不足,则易徒长,若开花期光照不足,易早衰及落花落荚。短日照有利于早豇豆开花结荚。

③水分。豇豆根系发达,耐旱,在种子发育期及幼苗期水分不宜过多,以防降低发芽率或导致幼苗徒长,甚至烂根、死苗或低温烂种。开花结荚期要求有较适宜的空气湿度、土壤湿度。高温、干旱或多雨易导致落花落荚、植株早衰,特别是土壤水分过大时会妨碍根系伸展,降低根瘤活力,易造成烂根。

④土壤营养。豇豆对土壤适应性强，以土层深厚、肥沃、松软、排水良好的砂壤土为好，pH 以 6～7 为宜。豇豆幼苗期需氮较多，需磷、钾较少，而在整个生育期中对磷、钾肥料需求较多。由于苗期根瘤菌少，固氮能力弱，应适量施氮肥，并与磷、钾配合使用。开花结荚期吸收磷、钾的量剧增，由于此期植株根瘤菌增多，固氮能力增强，故对氮的吸收略减少。如果氮多、磷不足，易造成茎叶徒长及落花落荚，因此应增施磷肥，以磷增氮，使豆荚增多，提高产量，改善品质。对于矮生种应早追肥，以促早发，使开花结荚期结荚多；对蔓生种应加强后期追肥，防止植株早衰，延长结荚期。另外，硼、钼有利于豇豆生长发育及提高根瘤活力，应适当施用。

2.优良品种

豇豆的分类标准有多种。豇豆按蔓的生长习性可分为蔓生型、半蔓生型和矮生型 3 类。蔓生型茎蔓长，需支架，生长期长，产量高；而矮生型茎蔓较矮小，多分枝或呈丛生状，产量不高，可不搭支架。豇豆按果实长短可分为长豇豆和短豇豆 2 类。长豇豆荚长一般在 30 厘米以上，嫩荚肉质肥厚、脆嫩、品质好；而短豇豆荚长一般在 30 厘米以下，果皮薄，易变老变硬。大棚豇豆生产以长豇豆为主，且最好为早熟、抗病、高产、叶片较小、分枝少、耐密植的优良品种，现生产上所采用的主要品种有以下多种。

(1)之豇 30　蔓生型品种，特早熟，初花节位低，叶片较小，分枝少，以主蔓结荚为主；从播种至始花需 35 天左右，10～12 天后即可采收豆荚，采收期 20～40 天，全生育期 80～100 天；嫩荚淡绿色，匀称，长约 60 厘米，单荚重 20 克左右，商品性好，抗病毒病；同期播种初花期和初收期比之豇 28-2 提前 2～5 天。

(2)之豇 106　蔓生型品种，早中熟，抗病毒病和锈病，不易早衰；植株分枝少，初荚部位低，商品性佳，嫩荚油绿色，荚长约 60 厘米，单荚重 16～27 克，条荚肉质致密，耐贮运性好。

第四章 大棚豆类蔬菜栽培技术

(3)宁豇 3 号 蔓生型品种,早熟,适应性强,抗病,既耐低温又耐高温,对光照不敏感;植株蔓生,株高 3 米左右,具 4~5 个分枝;主、侧蔓同时结荚,商品荚白绿色,单荚长而重,荚数多,顶端红色,俗称"一点红";荚面平整,最长可达 100 厘米,粗 0.9 厘米,单荚重 30 克左右;耐老、耐贮运,脆嫩,商品性好,种子黑色。

(4)宁豇 4 号 蔓生型品种,早熟,荚集中,耐旱、耐瘠、耐热;分枝 2~4 个,春季第 2 节出现第一花序,秋季第 2~3 节出现第一花序;嫩荚白绿色,荚长 70 厘米,最长可达 120 厘米。

(5)之豇翠绿 蔓生型品种,早熟,分枝少,长势较旺,抗病毒病、煤霉病,耐锈病,丰产;叶片较大,叶色深绿,荚长约 70 厘米,单荚重 25 克,荚色深绿。

(6)高产 4 号 蔓生型品种,早熟,生长势强,耐低温、耐热、耐湿,适应性广,抗病性强;第一花序着生于主蔓第 5~7 节,以主蔓结荚为主;嫩荚淡绿色,荚长 60~65 厘米,单荚重 15~20 克,嫩荚不易老化,品质优良,商品性好,较耐贮运。

(7)青豇 80 蔓生型品种,早熟,生长势强,侧枝较少;第一花着生节位在第 6~8 节,坐荚率高,嫩荚绿色,荚长 70 厘米左右,粗 0.5 厘米左右,抗病性强,耐寒、耐涝。

(8)之豇 28-2 蔓生型品种,早熟,适应性较强,较耐病;植株长势强,生长速度快,主蔓结荚,荚长 55~65 厘米;嫩荚白绿色,单荚重 20 克左右,纤维少,不易老化,品质好,采收期集中。

(9)红嘴燕 主蔓结荚,嫩荚白绿色,先端红色,荚长 50~60 厘米,品质好,种子黑色;早熟,耐热,抗病性较弱;需肥多,否则易早衰。

(10)之青 3 号 蔓生型品种,早熟,较抗病毒病,较耐锈病;植株分枝较少,叶较大,叶色深绿,花蕾、豆荚均为绿色,荚长 60 厘米,单荚重 25 克左右,品质优良,炒食较糯;种子肾形,紫红色,千粒重 150 克。

(11)之豇 90 蔓生型品种,植株生长势强,喜强光,耐高湿,分枝较多,结荚多,其嫩荚淡绿色,荚条匀称、肉质厚、耐老、品质佳、耐贮运;与之豇28-2相比,前期每亩产量增加33.7%,总产量每亩增加20.8%;抗病毒病,较耐锈病与煤霉病,耐热性好。

(12)**之豇108** 蔓生型品种,中熟,抗病毒病、根腐病和锈病,耐连作;单株分枝1~2个,生长势较强,不易早衰,叶色较深,三出复叶较大,主蔓第5节着生第一花序,每花序结荚2条左右,单株结荚数8~10条;嫩荚油绿色,荚长约70厘米,平均单荚重26.5克,横切面近圆形,肉质致密,种子胭脂红色,肾形。

(13)**青豇901** 蔓生型品种,早熟,抗病性强,嫩荚生长速度快,青绿色,荚长80厘米左右,高产、纤维少、品质好、耐老化,商品性好。

(14)**三尺绿** 蔓生型品种,早熟,耐寒,抗病性强,蔓生,蔓长2米以上,侧枝较少,节荚节位低,第一挑秆(果枝)着生在第1~3节;前期产量高,嫩荚绿色,荚长75~80厘米,长荚约100厘米,故称"三尺绿";荚粗0.5~0.6厘米,重40~50克,果肉细密,老化慢,品质优良。

(15)**扬豇40** 蔓生型品种,生长势强,主、侧蔓均结荚,尤其侧蔓结荚性能好,主蔓在第7~8节开始出现花序,侧蔓第一花序着生在第1~2节;花紫色,嫩荚长圆条形,浅绿色,荚长70厘米以上,横径0.8厘米左右,肉质嫩,纤维少,味浓,品质佳。

(16)**长豇555** 蔓生型品种,早熟,抗性强、耐高温;株形紧凑,生长势强;以主蔓结荚为主,主蔓第3~4节着生第一花序,连续结荚性强,双荚率高;嫩荚浅绿色,荚末端红色,荚长70~95厘米,最长达125厘米,荚横径0.8~0.9厘米,肉质脆嫩,纤维少,荚形整齐、平直、无鼠尾。

(17)**早矮青** 矮生型品种,株高60厘米,嫩荚浓绿色,长度40~50厘米,肉质厚,品质好;早熟,采收期20~30天,产量高,抗病毒病,较抗锈病。

(18)**美国无架豇** 矮生型品种,株高50~60厘米,有3~5个分枝,荚长40厘米,灰白色;生长期短,适应性强,较抗锈病和叶斑病。

3. 大棚豇豆春早熟栽培技术要点

(1) 品种选择 大棚春季栽培豇豆,一般应选择早熟、耐密植、优质、丰产的蔓生型品种。

(2) 适时整地 每亩用优质农家肥5000千克左右、腐熟的鸡粪2000千克、腐熟的饼肥200千克、复合肥50千克。深翻30厘米,使肥土混合,按栽培的行距起垄或做畦。大行距90厘米,小行距50厘米,垄高15厘米。畦面上覆盖地膜,地膜宜在播种或定植前15天左右铺好,以保墒增温。

(3) 播种与定植 若直播,宜在地温稳定在10~12℃时进行。因豇豆根系木栓化较早,再生能力弱,若采用育苗栽培,最好用营养钵在移栽前20天选晴天上午进行。先在小高畦上按15~20厘米的穴距挖穴,每穴放一苗坨,然后浇水,水渗下后覆土,盖地膜,封严定植穴。无论直播还是移栽,均要保证每亩约有6000穴,每穴保证有2~3棵苗。

(4) 田间管理 定植(或直播)后要抓好棚温、肥水及植株调整等几项管理。

①温度管理。定植或直播后,5~7天内不能通风,进行闷棚升温,以促进缓苗或出苗。待缓苗或出苗后,棚内气温保持在25~30℃,夜间不低于15℃。在植株有4片复叶至现蕾时,要逐渐降低棚温,使白天气温降到20~25℃,夜间15~18℃。开花结荚期植株需要较强的光照和较高的温度,此期维持气温为白天25~30℃,夜间16~20℃。当中午气温上升至35℃时才开始通风,下午温度降至28℃时关闭通风口。当外界气温稳定在20℃以上时方可昼夜通风或撤除棚膜,转入露地生产。

②肥水管理。定植(播种)时适量浇水。在定植缓苗后,如果不缺水,一般不浇缓苗水。随后进行蹲苗、保墒。抽蔓期,为防止浇水

后降低地温和易使幼苗徒长,要严格控制浇水。一般在没有明显缺肥症状时不追肥。待蔓长 1 米左右、叶片变厚、根系下扎、节间短、第一花序坐住荚、后几节花序相继出现时,开始浇 1 次透水。之后要掌握浇荚不浇花的原则。开花后,每隔 10～15 天叶面喷施 0.2%磷酸二氢钾 1 次。为促进早熟丰产,也可叶面喷施 0.01%～0.03%钼酸铵。

③植株调整。植株长至 30～35 厘米高、5～6 片叶时,要及时反时针方向引蔓上架。引蔓时切不要折断茎部,否则下部侧蔓丛生,上部枝蔓少,通风不良,易落花落荚,影响产量。支架一般搭成人字形架,让秧蔓上架生长,也可用绳将秧蔓吊起。为促进早熟,将主蔓第一花序以下的侧蔓全部去掉,第一花序以上萌发的叶芽留 1～3 片叶打头。豇豆每一花序上都有主花芽和副花芽,通常自下而上的主花芽先发育、开花、结荚,在营养状况良好的情况下,每花序的副花芽依次发育、开花、结荚。所以,在主蔓爬满架后要及时打顶,促进每个花序上的副花芽和各侧蔓上的花芽发育、开花、结荚。

(5)**采收** 豇豆开花后 12～14 天,当荚条长成粗细均匀、荚面豆粒处不鼓起但种子已经开始生长时,要及时采收。为使以后的花芽能正常开花结荚,采收时不要损伤花序上的其他花蕾,更不能连花柄一起摘下。

二、菜 豆

菜豆又名四季豆、芸豆,为豆科菜豆属一年生草本植物,原产于中南美洲,16～17 世纪引入欧洲,再传入亚洲,引进到中国后在各地广泛栽培。菜豆的营养丰富,其嫩荚和种子均可鲜食,亦可加工成罐头及脱水菜,较耐贮运。

1. 主要生物学特性

(1)**植物学特征** 菜豆根为直根系,其主根不明显,侧根发育快,再生力弱，有根瘤，能固定空气中的氮。第一对真叶为对生单叶，第二对及以后的叶为三出复叶。花为蝶形花，总状花序，每个花序有花5～6朵，最多达 10 朵。果实为荚果，呈圆棍形或扁圆形。种子大小因品种差异较大，千粒重 200～400 克，种子发芽年限为 3～4 年，使用年限为 2～3 年。

(2) 生育特性　菜豆生长发育周期可分为发芽期、幼苗期、抽蔓期和开花结荚期。

①发芽期。从种子萌动出土至出现第一对真叶为发芽期。此期主要依靠种子内部贮藏的营养进行生长。菜豆播种后，在适温下1～2天即可发芽，5～7 天可出现第一对真叶。如播种后遇低气温，则发芽期延长。

②幼苗期。从第一对真叶展开至长出 4～5 片真叶为幼苗期，矮生菜豆需 20～30 天，蔓生菜豆需 30～40 天。该期幼苗进入自养阶段，主要以营养生长为主，地下部生长快于地上部，有少量根瘤形成。同时，开始进行花芽分化。

③抽蔓期。对于蔓生种，从第 4～5 片复叶展开至植株现蕾为抽蔓期，需 10～15 天。此期植株生长迅速，茎叶生长快，茎蔓节间伸长，开始缠绕生长，并孕育花蕾。

④开花结荚期。从开始开花至采收嫩荚结束为开花结荚期。该时期蔓生品种需 70 天左右，矮生品种需 50 天左右。此期营养生长和生殖生长并进，开花、结荚和茎蔓生长同时进行，生产上管理不当时，易发生早衰的坠秧现象。应加强肥水管理，改善光照条件，延缓植株衰老，增加总产量。

(3) 对环境条件的要求

①温度。菜豆为喜温蔬菜，不耐霜冻，矮生类型耐低温能力比蔓生类型强。种子发芽的适温为 20～25℃，高于 35℃和低于 8℃时不易发芽。幼苗发育的适温为 18～20℃，地温的临界温度是 13℃，低于 13℃则根部生长不良，不能形成根瘤。花芽分化的适宜温度为

20~25℃,气温低于15℃或高于27℃时易出现不完全花现象。开花结荚期的适宜温度为18~25℃,温度过高、过低会使结荚数和每荚的种子粒数减少。

②光照。菜豆对日照反应没有其他豆类作物敏感。在较短日照下,能提前开花结实,增加产量。我国目前栽培的菜豆,大多数对日照长短要求不严格,属于中光性,因此南北各地春、夏、秋三季均能相互引种栽培。

③水分。种子发芽对水分要求比较严格。播种后土壤干旱,则种子不能萌芽;若土壤水分过多而缺氧,则种子容易腐烂而丧失发芽能力。菜豆在开花结荚期对水分量很敏感,除了有土壤水分的影响外,空气相对湿度影响也大,适宜的空气相对湿度为80%~90%。菜豆有较强的抗旱能力,但过旱、过涝都不利于根系的生长。生长期适宜土壤湿度为田间最大持水量的60%~70%。

④土壤。菜豆适宜在富含腐殖质、土层深厚、排水良好的壤土上栽培。pH为6.2~6.8为宜。菜豆在豆类蔬菜中耐盐碱的能力最弱,特别是在氯化钠含量较高的盐碱土上,菜豆不能发芽和生长。

2.优良品种

菜豆依其生长习性可分为蔓生种、矮生种及半蔓生种。蔓生种的茎蔓无限生长,蔓长2~3米,一般有3~4个分枝,花由下而上开放,产量较高,品质好,栽培面积最大。矮生种植株矮小且直立,主茎第4~8节后茎生长点成为花芽而自封顶,不再继续伸长,在主枝叶腋抽出各侧枝,侧枝3~5个。矮生种结果集中,产量较低,栽培面积小。

(1)双丰1号 蔓生类型,极早熟,丰产,优质,耐热品种,抗锈病,高抗枯萎病,耐热性强;株高3米,有2~3个侧枝,第一花序着生于主蔓第2~5节;白色花,单株结荚30~50个,荚嫩绿色,长18~20厘米,粗1.1厘米,厚1厘米,单荚重14~17克。

(2)**春丰 4 号** 蔓生类型,早熟,抗锈病、病毒病;嫩荚近圆棍形、稍弯曲,绿色,长 19～22 厘米,厚、宽各 1 厘米,单荚重 15～20 克,肉厚、无筋、品质好,单株结荚 30～40 个。

(3)**白丰(96B44)** 蔓生类型,中早熟,丰产;植株蔓生,生长势强,花白色或藕荷色,嫩荚直圆棍形,口感、品质及商品性均好;单荚重 18～20 克,长约 20 厘米,荚宽约 1.2 厘米,荚厚 1.3 厘米;每荚有种子 6～9 粒,种子棕色、肾形,百粒重 30 克。

(4)**鲁菜豆 1 号** 蔓生类型,中早熟,株高 2.5 米,分枝性强,第一花序着生于主蔓第 3～5 节,花白色;荚白绿色,扁条形,长 25.5 厘米,无筋、脆嫩,单荚重 26.5 克。

(5)**碧丰** 蔓生类型,早熟,丰产,植株长势强,花白色;荚扁条形,青豆绿色,长 22～25 厘米,宽 1.8～2 厘米,厚约 1 厘米,单荚重约 18 克,种子白色。

(6)**日本大白棒** 蔓生类型,早熟,耐热性强,高抗病,植株蔓生,株高达 2.5 米以上;嫩荚绿白色,圆扁形;保护地栽培结荚长 25～30 厘米,最长可达 40 厘米;商品性状好,丰产性强。

(7)**供给者** 矮生类型,早熟,适应性强,株高 40 厘米,开展度 50 厘米,5～6 节封顶,侧枝 3～5 个;花浅紫色,嫩荚圆棍形,绿色,长 12～14 厘米,宽、厚各 1 厘米,肉厚质脆,品质好。

(8)**优胜者** 矮生类型,早熟,应性强,耐热,抗病毒病、细菌性疫病和根腐病;植株生长势中等,株高 38～40 厘米,封顶节位 5～6 节,结荚多而集中,花浅紫色;嫩荚浅绿色,近圆棍形,先端稍弯,荚长 14～16 厘米,宽 1 厘米,厚近 1 厘米,单荚重 10～14 克,嫩荚纤维少、肉厚,易煮烂,品质好。

(9)**荷兰 SG259** 矮生类型,早熟,较耐寒,抗性强,抗炭疽病;分枝性强,有侧枝 6～8 个,株高 35～40 厘米,第 2～3 节着生第一花序,每花序有花 4～5 朵,花白色;豆荚圆而直,荚长 13.5 厘米,宽 0.9 厘米,厚 0.8 厘米,青绿色,横切面圆形,纤维少,表面光滑,色泽明亮绿色。

(10)**法国地芸豆** 矮生类型,早熟,较抗病,株高47厘米,分枝多,叶绿色,花淡紫色;荚长16厘米,肉厚,纤维少,品质好。

3. 大棚菜豆春早熟栽培技术要点

(1)**播种育苗** 菜豆早春大棚栽培多选用蔓生类型,直播或育苗移栽。育苗移栽的,其育苗期一般依据不同种类大棚的安全定植期来推算,定植时要求大棚气温不低于0℃,10厘米地温稳定通过12℃以上。在适宜的条件下,蔓生菜豆的苗龄为25~30天,江淮地区普通大棚栽培的育苗播种期为1月下旬至2月上旬。

应选择晴天播种,最好在寒尾暖头的晴天上午进行播种。育苗时应在播种前把苗床的营养钵浇1次透水,待水渗后撒一层细土,然后每钵播2~3粒种子,覆潮湿的营养土,厚约3厘米。播种后苗床温度尽量维持在25℃左右,待苗出齐后到第一片复叶将展开时,育苗床温度可适当降低,使其白天在20℃左右,夜间10~15℃。若播种时外界气温很低,可在苗床上加扣小拱棚临时增温,促进幼苗生长。苗龄25~30天、子叶完好、第一片复叶初展时可进行定植。

(2)**整地定植** 定植前5~10天在种植地上每亩施入优质农家肥10000千克左右,腐熟的鸡禽粪2000千克,腐熟的饼肥200千克,复合肥50千克。深翻30厘米,使肥土混合,做宽1.2米的定植畦,沟宽50厘米,畦高15厘米。畦面上覆盖地膜,地膜宜在播种或定植前15天左右铺好,以保墒增温。种植密度一般为3000~3500穴/亩,每穴2株。

(3)**田间管理**

①温度管理。小苗在棚内定植后,要注意温度管理。菜豆小苗定植后,棚内的适温白天为20~28℃。定植后的1~3天内,一般要密闭大棚,不通风换气,使棚内保持适温,以促进发根缓苗。但中午棚内气温在32℃以上时,可进行小量通风降温,以防伤苗。待小苗缓

第四章 大棚豆类蔬菜栽培技术

苗后,大棚应通风,温度保持在白天20～25℃、夜间15～20℃。棚温低于15℃或高于25℃对菜豆的开花结荚都不利,30℃以上的高温会引起落花落荚。在菜豆生长前期,大棚放风应晚放早闭,在生长中后期,当棚温达15℃时开始放风,下午降至15℃时则关闭风口。

②肥水管理。在定植后的2～3天内应中耕培土,使土壤疏松,有利于提高地温,促进小苗根系生长。以后直至开花前,每10天左右即中耕1次。在不伤根的情况下中耕可深一些,并向茎基部适当培土,促使其产生新侧根。

菜豆有一定的耐旱能力。土壤湿度大时,植株易徒长,会减少开花结荚,所以,菜豆在定植成活后至开花前一般少浇水、不追肥。初期开花结荚后应开始浇水、追肥,以促进豆荚和植株的生长。浇水后大棚要加大通风量,以排除棚内湿气。结荚期要追肥,以厩肥和化肥交替进行,可先开沟(穴)施追肥,隔几天再浇水,也可以在浇水的同时顺水追肥。在整个结荚期,矮生菜豆约追2次厩肥、2～3次化肥,每10～15天浇1次水;每次浇水量不要太大。

③植株调整。蔓生菜豆在蔓长30厘米左右时应及时插架。双行栽植时插人字形架,单行密植时插立架,架高2米,架材多用竹竿。由于大棚无风,也可以用吊绳,引蔓于绳或架上,使蔓能均匀地缠绕向上生长,防止相互缠绕、重叠或伏地,以合理利用架上的空间和增加通风透光。

(4)采收 蔓生菜豆在春大棚内定植后经35～45天可以采收嫩豆荚;矮生菜豆经25～30天可以收获嫩豆荚。每隔3～4天采收1次。最好在下午采收,并注意不要伤及茎蔓、叶片、花和幼荚。蔓生菜豆在春大棚内采收期达40～50天。

第五章
大棚绿叶菜类蔬菜栽培技术

绿叶菜类蔬菜是指主要以鲜嫩的绿叶、叶柄或嫩茎为产品的速生性蔬菜。绿叶菜类蔬菜在我国普遍栽培,种类繁多。大棚栽培较多的有芹菜、莴笋、茼蒿等。

一、芹　菜

芹菜,别名芹、旱芹、药芹菜,原产于地中海沿岸的沼泽地带。芹菜在世界各国普遍栽培,也是我国南北各地栽培的主要蔬菜品种之一。芹菜的适应性很强,北方地区露地栽培配合保护地栽培,可以做到周年生产。同时由于栽培管理比较容易,成本较低,产量高,效益好,芹菜已成为北方保护地蔬菜栽培中的重要种类之一。

1. 主要生物学特性

(1) 植物学特征　芹菜为直根系、浅根性蔬菜,根主要分布在7～10厘米的土层中,横向分布直径30厘米左右。主根肥大,能贮存养分,不耐旱,主根受伤后可产生大量侧根,耐移栽。营养生长期间为短缩茎,叶片着生在短缩茎的茎盘上。生殖生长期间茎伸长为花茎,高65～100厘米,并可产生一级和二级分枝,在分枝顶端发育成伞形花序,开花结籽。嫩花茎可以食用,老花茎不具有商品价值。叶柄长而肥大,长40~60厘米,重量占全株的80%,是芹菜的主要食用部分。芹菜的叶柄有空心和实心2类,分别称为空心芹和实心芹。芹菜花为复伞形花序,单花、白色,异花授粉。种子很小,千粒重0.4~0.5克,种子发芽年限4~5年,使用年限2~3年。

(2)营养生长阶段

①发芽期。从种子萌动至子叶展开为发芽期,在15~20℃的条件下需10~15天。

②幼苗期。从子叶展开至幼苗具有4~5片叶为幼苗期,在20℃左右的条件下需45~60天。幼苗生长较缓慢,但适应性较强,可耐30℃左右的高温和-5~4℃的低温。此期幼苗弱小,同化能力弱,应根据天气情况加强栽培管理,保持土壤湿润,以培育壮苗。

③叶丛生长初期。从植株4~5片叶至8~9片叶为叶丛生长初期,在18~24℃的条件下需30~40天。此期植株生长缓慢,分化新叶和新根,短缩茎增粗,叶色增深。随着叶片的生长、叶面积的增加和群体密度的增大,外叶受光后姿态转向直立,亦称"立心"。植株在持续10天以上的低温(5~10℃)后,于长日照条件下易未熟抽薹。

④叶丛生长盛期。从植株8~9片叶到11~12片叶为叶丛生长盛期,在12~22℃的条件下需30~60天。此期叶柄生长速度快,生长量占植株总量的70%~80%,是产量形成的主要时期。

(3)对环境条件的要求

①温度。芹菜喜冷凉温和的气候。种子发芽适温18~25℃,最低温4~6℃;幼苗期适温15~20℃,可耐短时间-4~5℃低温和30℃左右高温,根系可在-15℃左右低温下越冬;营养生长期适宜温度为16~20℃,高于20℃生长不良,且易发生病害,品质下降。

②光照。芹菜属长日照作物,植株在2~3片叶至收获前,如遇一定时间13℃以下的低温和长日照就会抽薹,从而失去商品性。芹菜具有一定的耐弱光性,在光照时间短、光照较弱的条件下,叶柄直立生长,质地鲜嫩,品质好,但开张度小,产量低。芹菜种子发芽需要

一定的散射光,因此催芽时应加以注意。

③湿度。芹菜为浅根性作物,根系分布范围小。芹菜既怕旱又怕涝,需湿润的土壤和空气条件,尤其在生长盛期地表布满白色须根时更需充足的水分。

④土壤。芹菜适于在保水保肥能力强、富含有机质的重壤土上生长。芹菜的耐碱能力较强,其适宜土壤 pH 为 6.0~7.6。芹菜需肥量较大,需氮、钾较多,缺氮植株矮小,叶柄易老化空心。此外,芹菜对硼需求量较大,缺硼时芹菜叶柄易发生劈裂。

2. 优良品种

(1)**津南实芹 1 号** 该品种生长势强,抽薹晚,分枝少;叶柄实心,品质好,抗病,适应性广;株高 80~100 厘米,开展度 20~25 厘米;叶绿色,叶柄黄绿色,平均单株重 0.5 千克。

(2)**津南实芹 2 号** 该品种叶柄较粗,淡绿色,香味适口;株高 90 厘米,单株重 0.25 千克,分枝极少。

(3)**开封玻璃脆** 从西芹天然杂交变异株中选育而成;株高 100 厘米左右,单株叶片 8~9 片,黄白色;单株重 350~490 克,生长期 150~165 天;质地脆嫩,纤维少,抗病性强,适应性广,每亩产量 7500 千克。

(4)**意大利冬芹** 西芹品种,长势强,株高 85 厘米,叶柄粗大,实心,叶柄基部宽 1.2 厘米,厚 0.95 厘米;质地脆嫩,纤维少,药香味浓,单株平均重 250 克左右;可耐-10℃短期低温和 35℃短期高温。

(5)**美芹** 西芹品种,株高 90 厘米左右,开展度 42 厘米×34 厘米,叶柄绿色,长达 44 厘米,宽 2.4 厘米,厚 1.6 厘米,叶鞘基部宽 3.9 厘米,实心,质地嫩脆,纤维极少;平均单株重 1 千克左右,晚熟,生长期 100~120 天,耐寒、耐热、耐贮藏;轻微感染黑心病后不易抽薹。

(6)**高犹他** 西芹品种,植株较大,株高 70 厘米,叶色深绿,叶片较大,腹沟较深,叶柄肥大,基部宽3~5厘米;叶柄抱合紧凑,质地脆嫩,纤维少,抗病性强;从定植到收获一般需80~90天,单株重1千克以上,每亩产量7000千克以上。

(7)**文图拉** 西芹品种,植株高大,生长旺盛,株高80厘米以上,叶片大、绿色,叶柄白绿色、有光泽,叶柄腹沟浅、较宽平,基部宽4厘米左右,叶柄第一节长30厘米以上,叶柄抱合紧凑;品质脆嫩,纤维少,抗枯萎病,对缺硼症抗性较强;从定植到采收约需80天,单株重1千克以上,每亩产量7500千克以上。

3.大棚芹菜秋冬茬栽培技术要点

(1)**品种选择** 大棚秋冬茬芹菜栽培要选择耐寒性强、实心、优质、丰产、抗病、耐贮藏的品种。

(2)**育苗** 芹菜秋冬茬栽培在初秋播种,寒露前后定植,收获期在春节前后。若收获期提前,则经济效益不高,因此播种不宜过早。但播种过晚,严寒到来之前植株尚未基本长成,会影响产量。一般在7月下旬至8月上旬播种育苗。

①催芽、播种。芹菜种子粒小、皮厚、有油腺、难透水、出芽慢,需浸种催芽。用凉水浸泡12~24小时,捞出洗净,用毛巾包好,在15~20℃阴凉处催芽,每天用清水冲洗1次,6~8天后会有50%以上种子露白。选择地势较高、排灌方便、避风向阳、土壤肥沃的砂壤地,于阴天或下午进行播种。播前对苗床浇透水,撒一层过筛细土,把催好芽的种子均匀地撒在畦面上,盖0.5厘米厚细土。

②苗期管理。种子出苗后,要经常保持地面湿润,但不要浇水过多,以防发生病害造成死苗。幼苗期间苗1~2次,除去过密的幼苗和杂草,间苗后轻喷1次水,喷水后盖一薄层细土。幼苗长到2~3片真叶时追肥,每亩施尿素7.5千克,以后根据幼苗生长情况可再追施1次化肥,并注意防治病虫害。幼苗长出5~6片真叶、苗高15~20厘米时可定植。

(3)定植 一般在9月下旬定植。定植前,结合翻地每亩施腐熟圈肥5000千克,耙平耧细,做成1.2~1.5米宽的平畦。选阴天或傍晚进行定植,株行距均为12厘米,每穴1~2株,每亩栽植35000~40000株。在畦内挖沟或挖穴,随栽植时浇水,栽植深度以不埋心叶为度。

(4)定植后的管理

①温度管理。定植后,气温有时仍较高,土壤蒸发量大,因此定植初期要注意保湿、降温。当白天气温降至10℃、夜间降至5℃时,需要扣棚保温。扣棚初期,因光照强、温度高,既要通风降温,又要保湿。夜间大棚两侧薄膜可卷起,使植株逐渐适应大棚栽培环境。当外界气温降至6℃以下时,在夜间要将大棚塑料薄膜盖好。通过调节通风口的大小,使棚内温度保持在白天15~20℃,夜间10~15℃。11月中旬以后,气温急剧下降,要减少通风,加强保温。夜间温度低于0℃时,要在大棚四周加围草苫保温,或在大棚上加盖草苫。

②肥水管理。定植时浇足底水,2~3天后再浇1次缓苗水,使土壤湿润,并能降低地温。浇水后中耕,并将被泥土淤住的苗子扶正。心叶发绿后表明已经缓苗,这时可进行7~10天蹲苗,待植株叶柄粗壮、叶片颜色浓绿、新根扩展后再浇1次水,保持地面见干见湿。定植后1个月,植株生长加快,要勤浇水、勤中耕,一般4~5天浇1次水。扣棚后,要减少浇水次数和浇水量。收获前7~8天再浇1次水。

芹菜喜肥,生长期间要及时补充肥料。蹲苗结束后,要交替追施化肥与腐熟圈肥。旺盛生长期,当株高达30厘米时,每亩随水施硫酸铵15~25千克。

(5)采收 大棚秋冬茬芹菜一般要在棚内的最低温度降至0℃左右时及时采收。在收获时连根带土一块铲起,轻轻抖落部分根土,摘净黄叶、烂叶及病叶,注意不要碰伤叶柄。

二、莴　笋

莴笋又称茎用莴苣,为菊科莴苣属一年或二年生作物,原产于地中海沿岸,后经西亚传入我国。莴苣分茎用和叶用2种类型,前者主要以肉质茎为主要食用器官,在全国各地栽培较为普遍,是春季及秋、冬季节重要的蔬菜之一。

1. 主要生物学特性

(1)植物学特征　莴笋的根为直根系,不发达,浅而密集,再生能力强,移栽后多分布在20～30厘米的土层内。幼苗期茎短缩,在植株莲座叶形成后逐渐伸长膨大为笋状,有绿、白绿、紫绿等颜色,叶片互生,呈披针形或长倒卵形,叶面平展或有皱褶,叶色为淡绿、绿、深绿或紫红色。种子较小,黑褐色或黄褐色,千粒重1克左右,种子发芽年限2～4年,使用年限2年。

(2)营养生长过程　莴笋的整个营养生长过程包括发芽期、幼苗期、莲座期、肉质茎形成期。

①发芽期。从种子萌动至真叶显露为发芽期,需8～10天。

②幼苗期。从真叶显露至团棵为幼苗期,此时已形成第一叶序5～8枚叶片。

③莲座期。莲座期的茎开始肥大,第三叶序已全部展开,叶面积迅速扩大,嫩茎开始伸长和加粗,此期有20～30天。

④肉质茎形成期。肉质茎形成期的茎迅速膨大,叶面积迅速扩大,此期有30天左右。

(3)对环境的要求　莴笋喜冷凉气候,不耐高温。种子发芽的适温为15～20℃,25℃以上发芽受阻;幼苗的生长适温为15～20℃,12℃以下生长缓慢,30℃以上生长不良;茎叶生长期的适宜温度为11～18℃,茎粗,产量高,质量好。莴笋稍能耐霜冻,苗期可耐-6℃的低温,成株在0℃以下会受冻害。莴笋为长日照作物,高温、日照长易抽薹开花。莴笋组织脆嫩、含水量高,整个生长期需要较充足的水分供应。根吸收能力弱,对土壤表层水分反应敏感,土壤干燥会降低产品产量和质量,而水分过多易发生裂茎。莴笋适宜在微酸性、有机质丰富、保水保肥的黏质壤土中生长。莴笋的需肥量较大,在生长期间需要吸收氮、磷、钾等营养元素,在施用有机肥作基肥的基础上,追施速效氮肥能提高产量、改善品质。

2.设施选择与茬口安排

设施大棚莴笋栽培的茬口安排一般为冬春茬和秋冬茬。采用普通塑料薄膜大棚、复式塑料薄膜大棚进行莴笋生产,江淮地区一般冬春茬多在9月份播种育苗,10月下旬至11月上旬定植,3月份开始采收;秋冬茬一般在8月下旬至9月上旬育苗,9月下旬开始定植,12月份采收。

3.大棚莴笋栽培技术要点

(1)大棚冬春茬莴笋栽培技术要点　大棚冬春茬莴笋一般在9月份播种,翌年3月份开始上市,既能缓解春淡,又能提高菜农的收入。

①品种选择。大棚冬春茬莴笋应选用耐寒强、适应范围广及不易抽薹的品种,如特大二白皮、二青皮、挂丝红等。

②培育壮苗。大棚冬春茬莴笋可在9月下旬选择地势高燥、排水良好的地块进行播种育苗,要加强苗期管理,当幼苗长出4~5片叶时便可移栽。

③定植与管理。大棚春莴笋一般在10月下旬至11月上旬定植于已扣好薄膜的大棚内。定植前,重施基肥,每亩施腐熟的有机肥4000~5000千克、复合肥50千克。深翻整平,做成1.2米宽的高畦,覆盖地膜,株行距为30厘米×30厘米,每亩种植6000株左右。定植时浇足水分,定植后要注意在晴天中午通风控温、降湿,防止徒长,严防棚内湿度过高而引发病害。当茎部开始膨大至收获前,控制棚温

白天为15～20℃,超过24℃应通风,夜间应不低于5℃。茎开始膨大时,应及时浇水,每亩随水冲施尿素3千克、复合肥15千克,此后应保持土壤湿润。为防止植株徒长或过早抽薹,可根据长势于莲座期喷洒40%矮壮素1000倍液或15%多效唑150毫克/千克。

④采收。3月中旬,当心叶与最高外叶相平且植株顶部平展时,说明肉质茎已长足,品质最好,可采收。为了提前上市,可适当早采,收大留小,分批上市。

(2)大棚秋冬茬莴笋栽培技术要点

①品种选择。应选用耐寒性强且较早熟的品种,如圆叶白皮、尖叶鸭蛋笋等。

②培育壮苗。秋冬茬莴笋一般于8月下旬至9月上旬播种。要加强苗期管理,当幼苗长出4～5片叶时,选择茎粗壮、节间短、叶色浓绿、根系发达的壮苗进行移栽。

③整地定植。大棚秋冬茬莴笋一般于9月下旬进行定植。定植前,每亩施充分腐熟的土杂肥4000千克左右、复合肥50千克。深翻整平,做成1.20米宽的高畦,株行距为30厘米×30厘米,每亩种植6000株左右。定植时秧苗应多带泥土,少伤根系,浇足水分。

④定植后的管理。定植后依据天气情况及时浇1～2次缓苗水,以保证移栽成活率。秧苗成活后,适时进行中耕,以利疏松土壤,促进根系发育,严防幼苗徒长。为防止植株徒长或过早抽薹,可根据长势于莲座期喷洒1～2次40%矮壮素1000倍液或15%多效唑150毫克/千克。茎开始膨大时,及时浇水,每亩随水冲施尿素3千克、复合肥15千克,此后应保持土壤湿润。初霜期来临前2～3天,白天控制温度为15～20℃,夜间不低于5℃。在适宜温度下尽量加大通风,在湿度偏大的情况下,及时通风散湿,以减轻病害发生。气温在0℃以下时,要注意防寒保温。

⑤采收。当心叶与外叶的最高叶一样高且植株顶部平展时,说明嫩茎已长足,应及时采收。

第六章
大棚其他类蔬菜栽培技术

一、韭 菜

韭菜属于百合科多年生宿根蔬菜,原产于我国,是我国传统的特色蔬菜,其适应性强,抗寒耐热,在全国各地均有栽培。利用大棚设施进行秋冬茬韭菜栽培,不仅产量高,而且品质好,可以在蔬菜淡季收获上市,获得较高的经济效益。

1. 生物学特性

(1)植物学特征 韭菜根系浅,为须根系,在老根上易生新根茎,根茎下部着生须根,随着根茎的上移,韭根也在上移,俗称"跳根"。韭菜的茎分为花茎和营养茎,花茎细长,顶端着生花薹,营养茎在地下短缩成茎盘,并逐年向地表分蘖,形成分枝。营养茎因贮存营养而肥大,成葫芦状,称为鳞茎,外面有纤维状鳞片,鳞茎上有叶鞘和叶片,叶片扁平状,叶鞘抱合成假茎。花为伞形花序,白色两性花。果为蒴果,种子盾形,黑色,千粒重4.2克,发芽年限1～2年,使用年限1年。

(2)对环境条件的要求 韭菜的生长适温为12～24℃,发芽适温为15～18℃,超过25℃生长缓慢,在6℃以下进入冬眠。韭菜生长需要湿润土壤,空气相对湿度为60%～70%,超过70%易发生病害,所以冬季保护地生产时,控制空气湿度非常重要。韭菜是长日照作物,在夏季长日照后才抽薹开花。韭菜喜肥,尤喜氮肥,特别是三年或四年生的韭菜,生产量大,需肥较多,每次收割后,要及时追肥,每生产1000千克韭菜需要氮肥1.5~1.8千克、磷肥0.5~0.6千克、钾肥1.7~2千克,但施肥量应超过实际需肥量。韭菜对土壤适应性强,在土层深厚、疏松肥沃的土壤上生长良好。

2.大棚秋冬茬韭菜栽培技术要点

(1)播种 春季播种,一般可选用汉中冬韭、791雪韭王、雪韭4号等品种。10厘米地温稳定在10℃以上时为韭菜播种适宜期。播前要精细整地,每亩施入腐熟优质基肥5000千克左右,腐熟饼肥200~300千克,磷酸二铵30~40千克,然后耕翻15~20厘米。早春为了促其发芽快、出苗整齐,可先浸种催芽,然后播种,播种量一般为每亩4~5千克。

(2)苗期管理 韭菜出苗以后,秧苗生长很缓慢,需水量不大,应少浇水、轻浇水,防止韭菜苗生长过嫩。出苗前2~3天浇1次水,苗齐后5~6天浇1次水,当株高13~16厘米时,减少浇水,防止倒伏烂苗,每亩可追施尿素5~8千克或稀人粪尿500~750千克,追肥后浇水。韭菜出土慢,而杂草生长速度快,应做好杂草防除工作。

(3)定植 韭菜的定植时期应根据播种期和韭菜苗大小确定,春播的在苗龄60~90天、6片叶子左右、苗高18~22厘米时定植。定植前先施肥做畦,一般每亩施腐熟粪肥5000千克以上。混匀肥土后,整平畦面,准备定植,可平畦栽,也可沟栽,定植的株行距有宽行大撮和窄行小撮。宽行大撮栽培的行距30~35厘米,撮距15~20厘米,每撮30多株,适于生产软化韭菜。窄行小撮栽培的行距13~17厘米,撮距10~13厘米,每撮10~15株,适于生产青韭菜。定植时,为了便于定植和减少水分蒸发,可将苗留根长6~10厘米,留叶长10厘米,将其余的根叶剪掉。按行距开沟,沟深10~13厘米,将每撮根茎对齐,按撮距埋入沟内。一般以叶鞘部分埋入土中为宜,过深会影响分蘖,过浅则容易散撮。栽后立即浇水,以利成活。

(4)定植后的冬前管理 韭菜在定植 2~3 天后,应及时浇 1 次缓苗水,待表土稍干后连续中耕 2~3 次,蹲苗保墒。约经半个月,秧苗开始生长,结合浇水,每亩追施腐熟的粪干 750~1000 千克或细碎的圈粪 2000~2500 千克或尿素 10 千克。

幼苗期保持表土湿润,3 片叶时浇 1 次大水,并结合浇水间苗或补苗。表土干湿适宜时及时松土。若土壤肥力不足,则叶色浅绿、长势弱,可以结合灌水每亩追腐熟稀人粪尿 500 千克或尿素 10 千克。到 7~8 月份高温多雨季节,雨后要注意排水,一般不追肥,根据墒情适度浇水,并及时清除杂草,防止株丛倒伏和腐烂。

入秋以后,气温开始逐渐下降,昼夜温差加大,光照充足,温度适宜,此时是韭菜生长的最佳时期,应加强肥水管理。当旬平均气温降到 25℃ 左右时,每亩追施磷酸铵 30~35 千克,有条件的也可追施 200 千克饼肥或 2000 千克腐熟粪稀,追肥后每 7 天左右灌 1 次水。当旬平均气温降至 18~20℃ 时,结合灌水再追 1 次速效肥料,以后气温下降,为防止贪青,应适当控制灌水,促进营养回根运输。地表即将封冻时要及时灌冻水,最好结合灌冻水追施腐熟粪稀或复合化肥,灌水量不可过大或过小。

(5)越冬管理 当气温下降后,应及时扣棚膜并进行多项管理。

①温度管理。扣膜后温度升高,要及时清除枯叶,松土露出鳞茎晒根。韭菜萌发后搂平畦面,在萌发阶段一般多密闭棚保温,以尽量提高温度;韭菜出土后及时通风,降低棚温,一般白天维持在 18~22℃,夜间维持在 8~12℃。在初扣棚韭菜萌发前及每次收割后,为促进韭菜萌发生长,应提高棚内温度,可达 30℃ 左右。收割前应适当降低温度,以促进叶片生长。到了严寒季节,应以保温为主,一般不通风,要注意防寒,当室温达 25℃ 时可以适当通风。

②肥水管理。大棚秋冬茬韭菜的生长主要依靠露地育苗期间积

累的养分以及扣棚以前土壤中积存的水分和养分进行生长,一般不再大量追肥灌水。如收割1~2刀韭菜后,出现生长缓慢、叶色发黄等缺肥水现象,应适时进行追肥和浇水,一般每亩追施尿素10千克左右。追肥浇水后,应注意及时中耕和通风排湿,以降低棚内湿度,严防病害的发生。

(6)**收获** 冬季韭菜要根据生长情况及市场需求来收割。第一刀的收割期主要由品种、根株的强弱、棚的性能及当年气候情况来决定,如根株壮、休眠期较短的韭菜品种,一般在扣棚后30~35天即可收割第一刀,收割时要用锋利韭镰平茬收割。

二、小青菜

小青菜又名小白菜、油菜、普通白菜、不结球白菜,为十字花科芸薹属白菜亚种的一个变种,是以绿叶为产品的草本植物。小青菜生长期短、适应性强、高产、易种,在我国春、秋季节栽培较为普遍。利用大棚进行盛夏及严冬小青菜生产,不仅能填补淡季蔬菜市场,而且能够取得显著的经济效益。因此,盛夏及严冬小青菜生产越来越受到人们的重视。

1.主要生物学特性

(1)**植物学特征** 小青菜的根系分布较浅,须根发达,在营养生长时期,茎部短缩,短缩茎上着生莲座叶。小青菜的叶部直立生长,近叶身处的叶柄紧密抱合,呈束腰状,叶片光滑或有皱缩,浅绿色、绿色或深绿色,形状有圆形、卵圆形、倒卵圆形、椭圆形、匙形等,叶片边缘为全缘、波状或锯齿状,叶柄肥厚,白色、白绿色、浅绿色或深绿色,一般无叶翼,横断面呈扁圆形或半圆形。花为完全花、虫媒花,异花授粉。果实为长角果,内有种子10~20粒,近圆形,红褐色、黄褐色或黑褐色,千粒重1.5~2.2克,发芽年限3~4年,使用年限2~3年。

(2)**对环境条件的要求** 小青菜种子发芽的适温为20~25℃,发芽最低温为4℃,最高温为40℃。植株生长适温为18~20℃,在平均气温为-5~-4℃的地区能安全越冬,有的品种能耐-10~-8℃的低温。耐热能力一般较弱,在25℃以上的高温和干燥条件下,生长缓慢,长势弱,易感染病毒病。青菜属于长日照蔬菜,但对光照要求并不十分严格。青菜对土壤种类的要求不严格,但由于青菜是以叶部为食用部分的蔬菜,生长期短,生长迅速,要在短期内生产出高产、优质的产品,除了适宜的温度和日照条件外,还需要充足的土壤湿度和较高的土壤肥力,所以最好选择富含有机质、保水保肥力强的砂质土壤和壤土。水分、养分不足时,小青菜生长缓慢,组织老化,纤维增多,品质下降。

2.大棚小青菜栽培技术要点

(1)大棚冬茬小青菜栽培技术要点　大棚冬茬小青菜栽培时,在南方可选用简易装配式普通大棚,在北方寒冷地区应选用复式装配式钢架棚或单斜面冬暖式塑料大棚。其栽培技术的关键是适期播种及对大棚进行增温、保温和湿度调控。

①选用良种。要选用耐寒品种,如上海青、苏州青等。

②整地。可在大棚延迟栽培蔬菜采收结束后,在清理前茬的基础上,及时清理田园,翻耕整地。每亩撒施复合肥15千克、尿素20千克作基肥,并深翻入土,整理成平畦,畦宽2米左右。在12月至翌年2月上旬,可利用大棚进行小青菜陆续排开播种。

③播种。播种前浇足底水,播种时均匀撒播,每亩用种量为1.2~1.5千克,播后浅耙畦面,并适当洒水。出苗前保持畦面湿润,如利用普通大棚进行生产,可在播种后加盖小拱棚进行增温、保温。

④田间管理。播种后至出苗前棚温可维持在25~30℃,出苗后适当降温至20~25℃,视具体情况,及时按"五去五留"原则(去小留大、去病留健、去弱留强、去密留稀、去杂留纯)进行间苗,以促进幼苗生长。严寒季节为避免低温冻害,夜间温度应不低于5℃。在小青菜

第六章 大棚其他类蔬菜栽培技术

整个生育期应保持土壤湿润,播后至出苗前,在浇足底水的基础上一般不浇水。晴好天气时应加强通风降温、降湿,防止徒长瘦弱,使品质下降,同时依据生长情况在浇水时适当追施速效氮肥,以利小青菜生长。

⑤采收。小青菜的采收期不严格,可根据品种特性、栽培季节及市场需要而定。严冬季节大棚种植小青菜,由于处于低温季节生产,从播种至收获需45~50天,待株高15厘米左右,具6~8片真叶时,对同批播种的即可一次性采收上市。

(2)大棚夏季小青菜栽培技术要点 夏季高温、多雨、病虫害猖獗,易引起小青菜的死苗、绝收,栽培技术的关键是适期播种及遮阳、降温、防虫、防雨。利用大棚进行避雨、遮阳及防虫栽培,即采用大棚覆顶膜加遮阳网进行避雨、遮阳,在裙边覆防虫网纱防虫,效果良好,可减轻不利因素的影响,实现盛夏青菜的丰产丰收。

①选用良种。夏播小青菜应选用耐高温、抗病虫的品种,如热抗青、苏州青2号、热优2号、南京矮杂1号、新夏青2号等。

②整地。大棚早熟栽培蔬菜采收结束后,在清理前茬基础上,及时清理田园,翻耕整地,每亩撒施复合肥15千克、尿素20千克作基肥,并深翻入土,整细筑畦,畦宽1.2~1.3米,沟深20厘米,沟宽25~30厘米,深沟高畦,以利排灌。

③播种。一般于7月中上旬至8月上旬播种。播种前浇足底水,播种时均匀撒播,每亩用种量为1.5千克左右。播后浅耙畦面并适当洒水,在畦面上覆盖遮阳网,在大棚顶上覆盖地膜和遮阳度为40%的遮阳网,降温保湿。出苗前保持畦面湿润,出苗后及时揭去畦面遮阳网。

④田间管理。夏季小青菜栽培的关键在于避雨、降温、遮阳、防虫。出苗后,视具体情况及时间苗,保证秧苗稀稠适当。灵活调节棚顶遮阳网覆盖度,可昼盖夜掀、迟盖早掀、晴天盖阴天掀,采收前3~5天最好揭去遮阳网,促使小青菜叶色更接近于自然状态,以提高其商

品品质。

小青菜是浅根性蔬菜,根系吸收能力较弱,生长期间应不断供应肥水,浇水要轻浇勤浇,掌握"天凉、地凉、水凉"的浇水原则。应在上午8时前或下午5时后浇水,避免高温时浇水造成烂菜,切记不能大水漫灌。同时依据生长情况,在浇水时适当追施速效氮肥,以促进小青菜生长,保证丰产。

⑤采收。夏季气温高,小青菜生长速度较快,应视气候条件、品种特性和消费习惯及时进行采收。一般播种后20~25天便可收获,适时采收可提高产量和品质。

三、平 菇

平菇,又名冻菌、北风菌、鲍鱼菇、侧耳,属担子菌亚门、层菌纲、伞菌目、口蘑科、侧耳属。平菇是一类高蛋白、低脂肪的健康食品,不但肉质细嫩、味道鲜美、营养价值丰富,而且生长势强、适应范围广、栽培方法简便、周期短、产量高、效益好,在平原地区人口密集的县、镇、乡各级秋冬季市场颇受欢迎,是食用菌中最易栽培的品种和普及型的菌类。

1. 主要生物学特性

(1)植物学特征 平菇由菌丝体和子实体两部分构成。平菇的菌丝体浓密、洁白、分枝多、粗壮有力,通常以扇形放射状生长,气生菌丝发达,爬壁力强,一般不分泌色素,抗逆性强,吃料速度快,不易退化,主要功能是分解培养基质,吸收水分和养分,供子实体需要。平菇子实体一般由菌盖、菌褶和菌柄三部分组成,子实体多为丛生,少数单生。菌盖是子实体的主要组成部分,一般宽5~15厘米,肥厚脆嫩,初为圆形、扁平,成熟后呈耳状、漏斗状或贝壳状,衰老时盖缘反卷并开裂;菌盖表面色泽因品种而不同,有白色、灰色、桃红色、金黄色等多种,菌肉白色。菌盖与菌柄连接处常有棉絮状绒毛堆积。

菌褶着生在菌盖下方,垂生、白色、刀片状,扇形放射状排列,长短不一,质脆易断,有数百片,上面着生许多担子和担孢子。菌柄实心或半实心,白色、肉质,长2~10厘米,是菌盖的支撑部分,并向上输送水分和养料。菌柄侧生或偏生,与菌盖紧密相连。

(2)子实体的分化发育 平菇的菌丝体达到生理成熟后,在适宜条件下即在其着生基物的表面形成子实体。子实体的分化发育大致经过以下几个不同阶段。

①原基期。菌丝生理上已成熟,在适宜条件下即分化形成原基,在菌块上可见白色或黄白色的突起,呈肉瘤状。

②桑葚期。原基进一步分化发育,1~2天后在基质表面形成许多小米粒状白色菌蕾,形如桑葚表面,故称为"桑葚期"。一些散生平菇不会进入桑葚期,而由原基期直接进入珊瑚期。

③珊瑚期。桑葚期经一定时间(2~5天)后形成珊瑚状的菌蕾群,小菌蕾逐渐伸长且中间膨大,成为原始菌柄。其中只有少数能发育成子实体,绝大部分发生萎缩。

④伸长期。伸长期菌柄进一步伸长,菌盖和菌柄已有明显区别。

⑤形成期。伸长期过后菌柄逐渐加粗,经1~2天顶端发生1枚灰黑色的小球,即原始菌盖,这时进入形成期。

⑥成熟期。从形成期至成熟,根据菌盖形态变化及成熟程度,又分为以下几个时期。幼菇期:菌褶开始出现,孢子开始形成;成熟前期:菌盖展开,中部隆起呈半球形,孢子开始散放;成熟中期:菌盖充分展开,边缘上卷,此期释放孢子最多,尤以菌盖向上翻卷部分最多;成熟后期:菌盖开始萎缩,边缘有裂缝出现,孢子散落。

(3)影响平菇生长的环境因子

①营养。平菇为木腐菌,自身不能制造养分,所需的碳源、氮源、无机盐、维生素等营养物质均从培养料中吸取。其菌丝生长阶段的碳氮比以20:1为宜,子实体生长阶段以(30~40):1为宜。培养平菇的主要原料为木屑、棉籽壳、废棉、麦秸、稻草、玉米芯、玉米秸、花

生壳等,常作为辅料的有麦麸、米糠、玉米粉、尿素、磷肥、石膏等。

②温度。平菇属于低温型真菌,对温度的适应能力较强。一般菌丝在4～35℃均可生长,适宜温度为22～26℃,子实体形成的温度在7～22℃之间,以13～18℃为适宜。在一定的温度范围内,温度变化越大,子实体分化越快,恒温下子实体较难发生。根据子实体发生对温度的不同要求,可将平菇大致分为3个品系:低温型(10～15℃)、中温型(16～21℃)和高温型(21～25℃)。还有一些对温度要求不严格,子实体在10～25℃之间均可发生的种类称为广温型。在平菇生产上,应根据具体栽培季节的气候特点,选用适宜的品种,绝不可盲目种植。

③湿度。平菇属于喜湿性菌类,其菌丝体生长阶段要求培养料含水量在65%左右,水分低于60%时菌丝体生长受阻。发菌阶段,菌丝主要靠培养料中的水分维持生命活动,不需要常喷水。子实体发育阶段,要求空气湿度为85%～95%,湿度低于85%时子实体发育缓慢,若高于95%则菌盖易变色,并易被杂菌污染,引起子实体腐烂,有时还会在菌盖上发生大量的小菌蕾,空耗养分,影响平菇的产量和质量。

④空气。平菇是一种好气性真菌,但与其他菇类相比,平菇在菌丝生长期间能耐受较高的二氧化碳浓度,生长空间二氧化碳浓度达28%时仍能正常生长。在子实体发育阶段,要求通气良好,若二氧化碳浓度超过0.3%,则子实体生长受抑制,而且因氧气不足,易出现畸形菇而导致减产;若风直接吹在菇体上,也会影响子实体生长。

⑤光照。菌丝生长阶段不需要光照。子实体分化发育需要有散射光,完全黑暗的条件下,子实体不能形成。光照太弱时,易形成盖小柄长的畸形菇,强光也会妨碍平菇的正常生长。

⑥酸碱度。平菇菌丝可在pH 3.0～8.0的范围内生长,但以4.0～6.0为宜。

2. 大棚秋冬茬平菇栽培技术要点

进入秋冬季节,气温越来越低,喜温蔬菜供应逐渐进入淡季,而人力资源相对丰富。此时期利用大棚进行平菇生产,相对其他时期而言,具有易管理、产量高、耐储运、市场好、收益大等优点。大棚秋冬茬平菇栽培一般采用袋栽,既省工,又便于管理,能充分利用大棚空间,减少病虫害,易于栽培成功。袋栽平菇有生料栽培、半生料栽培和熟料栽培3种方式。实际生产时,栽培方式要在综合考虑栽培的品种、原料、季节和生产条件等因素后再确定。

(1)生料袋栽 该方法的培养料不要经过严格消毒,也不经过高温或发酵处理,在含有杂菌的条件下,可直接播种栽培。生料袋栽是平菇袋栽最常用的方式,其特点是:种植设备简单、方法简便、管理粗放、成本低、栽培者易接受、适于初学者采用、便于大面积推广。但此法存在受季节限制、产量低、易污染等缺点。

①栽培时间。平菇的正常生长必须在一定的温度范围内进行。为利用自然气温,确保栽培成功,要求气温稳定在20℃以下时开始栽培。在沿淮地区生料栽培的安全时期为当年10月下旬至次年3月初。

②菌种选择。平菇袋栽生产时间长,在品种选择上应根据栽培条件选择产量高、质量优、适应范围广、抗性强的优良菌株。同时还应注意,同一菌株不应连年使用,一般2~3年应轮换一次。

③栽培料及配方。适于平菇栽培的原料来源十分广泛。一般而言,凡是纤维素、半纤维素、木质素含量丰富的材料均可以用来生产平菇,包括农村产品下脚料及食品、酿造、棉纺轻工业的副产品与废渣等,如木屑、树枝、玉米芯、稻草、棉籽壳、废棉、酒槽、废纸等。这些原料根据情况可以单独使用,也可以混合使用。另外,在选好上述原料后,尚需添加一些辅料,如米糠、麸皮、玉米粉、石膏、磷肥、尿素、多菌灵、克霉灵等。其添加比例一般为麸皮、米糠0~20%,石膏、石灰

磷肥0～2%,尿素0～1%。平菇生料栽培培养基多以棉籽壳、杂木屑、玉米芯为主料,如:

棉籽壳或杂木屑98%、石膏1%、石灰1%,克霉灵、多菌灵适量。

棉籽壳或杂木屑90%、麸皮或米糠8%、石膏1%、石灰1%,克霉灵、多菌灵适量。

稻草90%、麸皮或米糠8%、石膏1%、石灰1%,尿素、克霉灵、多菌灵适量。

棉籽壳或杂木屑50%、玉米芯48%、石膏1%、石灰1%,克霉灵、多菌灵适量。

棉籽壳或杂木屑50%、玉米芯38%、麸皮或米糠10%、石膏1%、石灰1%,克霉灵、多菌灵适量。

④环境消毒与培养料处理。要对生产操作、发菌及出菇环境进行消毒,棚内环境和露天生产场地在使用前要打扫干净,用浓石灰水将墙壁地面喷湿,再用菊酯类农药喷洒墙壁和地面。棚内还可用甲醛、硫黄等熏蒸,生产场地要尽量远离猪舍、鸡窝等地。应选用新鲜、干燥、无霉变的原料,严禁使用与农药和其他有毒气体混放的污染料。装袋前要曝晒2～3天,以降低杂菌基数,严防栽培污染。

⑤拌料、装袋、接种。在选择一定的配方后,进行拌料。要求主辅料混合均匀,并且水分含量适当,拌料后的培养基含水量为65%左右,即用手紧抓一把培养料有水而不滴下,料水比以1∶1.2为宜。

生料袋栽一般多选用高密度低压聚乙烯塑料袋,其厚度通常为0.12～0.25毫米,直径22～28厘米。装料前首先把它截成40～50厘米长的料袋,然后把袋的一头从颈圈内拉出,用绳系好,若无特制颈圈,可用2～3厘米长竹筒或其他筒状物代替。装袋时中间要放一条木棍,待装好料后抽出木棍以利通气。在装袋前,先取一块中间带有孔的木板,将颈圈放入孔内,在袋中装2厘米厚的料,稍压实,播一层菌种,然后再装料至袋中间,再播一层菌种,然后再装料,播一层菌种,最后放入2厘米厚的料,套上颈圈,用绳系好,抽去木棒,颈圈中塞入少量棉花或纸,既可通气又可防止杂菌侵入。一般用种量为15%～25%,如菌种较多,可采用4层或5层播种。

⑥发菌期。发菌可在棚内进行。装好的袋子可采用骑缝式叠放,气温高时层数应少些,气温低时层数应多些,也可按照井字形叠放。菌丝生长期要求空气湿度为70%～75%,温度以15～20℃为宜,要注意温度不宜过高或过低。在整个发菌期间需适时通风,保持空气新鲜和室温稳定,并保持室内阴暗,如发现杂菌污染应立即移出。每隔3～5天可对棚内空间喷1次2%来苏尔液或石灰水。当菌袋两端的菌丝长得洁白、吃料有一定深度、袋壁上有大量水珠出现时,即可松开两端的袋口,留一定的空隙通风换气,以促进菌丝更快生长,一般15～25天可发满袋。

⑦出菇期。菌丝发好后,将菌体洁白硬实、已趋成熟的袋子挑出,移入出菇棚,也可在发菌棚出菇。考虑到发菌程度可能不一致,最好将出菇棚和发菌棚分开,以避免严重污染。

为促进原基分化,可增加昼夜温差和光照。待原基出现后,要适时揭开菌袋两端的封口,排列成行,行间距50～60厘米,每行可重叠7～8层,提高空气湿度到90%～95%,加强通风,降低二氧化碳浓度,以确保原基正常发育。

待进入桑葚期和珊瑚期时,应把管理重点放在调节好通风量和提高湿度上。该时期是获得高产的关键,为确保空气湿度,可在门窗上挂上草帘,并经常向空间和四壁喷水。幼菇长大后,可直接在菇体上喷雾,喷水次数和喷水量要依据天气情况灵活把握。空气湿度应稳定在95%左右,但不能处于饱和状态,否则会引起菇蕾死亡。要严防高温、高湿,加强通风换气,经常保持空气新鲜。另外,此期还应充分做好病虫害的防治工作,若发现害虫,可用高效低毒的农药如4.5%高效氯氰菊酯乳油4000倍液进行喷雾防治。

⑧采收。平菇采收时间以子实体八成熟时为宜。此时菌盖边缘充分展开,盖缘韧性较好,破损率低,菌肉厚实肥嫩、菌柄柔软、纤维

含量低;菇质和菇重达到相对平衡,商品外观好,经济价值高。实际采收时,需根据天气情况、市场需求等适当调整,灵活掌握。采收的具体要求是:

采前几小时,应适当提高菇场内的环境湿度,以降低空气中飘浮的孢子数;向菇体上喷少量水,以保持新鲜。

同一袋上,每潮菇的采收次数以1~2次为宜,以便清理、转潮。

采收时,要求轻轻扭下或用刀割下,切勿硬拔,以防带出大量培养料。

采后的菇要放在干净的箱、筐或盆内,上盖湿布,以防湿防尘。对采后的平菇要及时鲜销或加工,以防变质,降低价值。

⑨喷施增产液。在平菇生长发育期间,适时适量地喷施增产液能够获得较高的经济效益,可选用0.5毫克/升三十烷溶液、0.01毫克/升油菜素内酯溶液、1.8%爱多收12000倍溶液等,在幼菇期进行喷雾。

⑩菇潮后的管理。第一潮菇采完后,要视具体情况及时清理袋子两头的死菇、病菇、残根等。若水分不足,应及时补水,然后再进行正常的出菇管理。一般栽培一次可连续采收3~4潮菇。

(2)发酵袋栽　发酵袋栽是半生料袋栽的一种,主要是通过高温发酵、处理、降低培养料所含害虫和杂菌的基数,并使培养料中的可溶性物质增多,从而有利于防止杂菌生长和促进菌丝对培养料的吸收利用,促进栽培成功和产量提高。该法如使用得当,其效果优于生料栽培,但成功的关键在于对培养料发酵进行控制,初学者不易掌握。

发酵袋栽的生产流程为:配料→发酵→装袋→接种→发菌→出菇管理→采收→恢复期管理。技术要点是:把拌好的50千克培养料做成长0.8~1米、宽0.8米的料堆,从中下部横向和从顶部垂直打通气孔,四周盖地膜和草帘,约2天后料温升至60℃以上时进行翻堆。再堆制发酵,料温再达60℃时维持12~24小时。揭膜排除废

第六章 大棚其他类蔬菜栽培技术

气、散热,视料的湿度适当调水,并加入辅料或药物,发酵完毕后其他环节基本同生料袋栽。

(3)塑料袋熟料袋栽　熟料袋栽是指培养料经过严格的高温灭菌,在培养料不含有杂菌的情况下进行栽培的一种方式。该法效果优于生料袋栽及发酵袋栽,可不受季节限制,但因灭菌及无菌操作需要一定的基础投资,故成本较高。熟料袋栽常用聚乙烯或聚丙烯塑料袋,长45厘米左右,宽20~27厘米,厚0.04厘米左右,袋两头均开口。套环主要有2种,一种是由专业生产厂生产的制菌种用的塑料套环和无棉塑料盖;另一种是用纸箱包装袋作原料,用电烙铁焊接成直径4.5~5.5厘米的圆圈。

①塑料袋熟料栽培的培养基配方。因为用于熟料栽培的培养料要经过严格的灭菌处理,培养期间不易感染杂菌,因此为取得高产,其培养配方中所添加的麸皮、米糠、玉米粉、白糖的比例要适当高于生料栽培。当前,平菇熟料栽培培养基主料多以棉籽壳、杂木屑、玉米芯、麦草等为主,如:

棉籽壳78%、米糠20%、石膏1%、白糖1%。

杂木屑78%、米糠20%、石膏1%、白糖1%。

棉籽壳50%、玉米芯28%、麸皮或米糠20%、石膏1%、白糖1%。

麦草100千克、玉米粉15千克、麸皮或米糠15千克、生石灰2~3千克、石膏粉1~2千克、尿素0.5千克、磷酸二氢钾0.5千克。

②原料消毒和接种。把装满料的料筒置于常压灶或简易灭菌灶内,在温度100℃条件下保持10~12小时。灭菌过程中要注意,温度要尽快升到100℃;料筒在灶内排放时要留有空隙,以便受热均匀;灭菌中间要及时补加热水,防止锅内水烧干。当灭菌灶内的温度降至接近室温时,将料袋搬入接种室。如采用高压灭菌,需在料温达到126℃时保持1.5小时以上。

由于培养料量较大,不能使用接种箱或超净工作台,可在一个大小适当、密闭严实的房间里进行。采用紫外线照射和福尔马林熏蒸消毒,亦可用气雾消毒剂或其他消毒剂消毒。当料袋温度降至28℃以下时可进行接种。接种人员在进入接种室之前要用肥皂洗手,再用75%乙醇擦手,戴上经过消毒的橡胶手套,将菌袋打开,取少量菌种放入料袋(在料袋两头接种)。接种量以袋口表面能布满一层薄薄的菌种为度。封袋口时动作要快,尽量缩短袋料暴露的时间。接种完后,将料袋搬进大棚内进行培养。

③菌丝培养。培养棚内要保持干燥、空气清新,温度控制在25℃左右。培养菌袋通常采用单排叠堆的方式排放,亦可按照井字形排放,表面撒一层石灰。无论采用何种排放方式,都要尽量使料内温度不超过30℃。温度超过30℃时要及时散堆,并通风换气,及时降温。棚上盖草或遮阳网,内部尽量保持黑暗。接种后10天内要勤检查,发现污染及时拣出并处理。菌袋除可排放在地面外,亦可搭床架排放,可充分利用空间。一般经20~25天菌丝长满整个培养料,从接种至子实体原基形成一般需30天左右,从接种到子实体形成的时间与品种类型和培养环境的温度、温差等密切相关。

④出菇管理。菌丝长满全袋后,搬到出菇棚出菇。如菌丝发满时间相同,也可在培养棚就地出菇,之前排放较密集的应重新排放,排与排之间的距离以采摘方便为标准。出菇前要给予一定的散射光,增加通风,适当增加昼夜温差,增加空气相对湿度,用于刺激子实体的形成。

温度控制。平菇是变温性结实菌类,变温刺激有利于平菇子实体的形成。原基形成后,温度在15~24℃时子实体生长较快,温度过低时子实体生长较慢,但菌盖肥厚;温度过高时,虽然子实体生长快,但菌盖薄且脆,纤维较多,品质下降。

湿度控制。适宜的空气相对湿度是子实体形成、正常发育和获得高产的重要条件。一般空气相对湿度为65%左右。不同时期的喷水方式和喷水量有所不同。子实体形成初期以空间喷雾加湿为主,以少量多次为宜,保持地面湿润。当子实体菌盖直径长至3厘米以上时,可直接在菇体上喷水,空气相对湿度最好不要低于80%,以85%左右为最佳。空气湿度太低时,子实体不能形成,已形成的也会因干燥而萎缩死亡;湿度过高则极易发生杂菌污染。采完一潮菇后,停止喷水3天左右,然后重新喷水,刺激新一潮菇的形成。实际生产时,往往出菇不齐,潮与潮间的分隔不明显,通常将大部分菌袋出了一次菇后当作一潮菇来处理。

光照控制。菌丝长满菌袋后,要给予适当的散射光,但不能让阳光直接照射。在黑暗或光线太弱的环境中,子实体难以形成,即使形成了,其生长也往往不正常,严重影响产量和品质。通常以能看报纸的光线为宜。

通风换气。在生长期不经常通风菌丝也能正常生长,而子实体形成和生长发育阶段需要足够的氧气,必须加强通风换气。通风换气不仅有利于子实体的形成和发育,同时可减少杂菌的污染。

采收。采收平菇要择时,一般七成熟时采收最好,即菇体颜色由深变浅、菌盖边缘尚未完全展开、孢子未弹射。若菌盖边缘充分展开,则不但菇体纤维增加,影响品质,而且释放的孢子会引起部分人过敏,同时还会影响下一潮菇的产量。采摘时一手按住培养料,一手抓住菌柄,将整丛菇旋转拧下,将菌柄基部的培养料去掉。每采完一次菇后,都应及时打扫卫生。正常情况下,秋末、冬季、春初的料袋可收4~5潮菇,春末、夏季、秋初只能收2~3潮菇。如果管理不善,杂菌害虫严重者只能收1潮菇,甚至无收成。平菇的子实体越嫩越好吃,幼菇口感良好,滑嫩爽口。随着人们口味的不断变化,近年来,一些菇农专采摘菌盖在3厘米以下的幼菇销售,价格较高。如果管理得当,可采收6~8潮幼菇。

清场、废料处理。通常情况下,采收5潮菇后,大多数菌袋内的营养已消耗殆尽,为了充分利用棚地,应及时清场。清场后认真打扫卫生、消毒,供下次使用。清理出来的料袋有多种处理方法。一种是将所有的料袋去掉塑料袋,废料作为有机肥,用于种菜、种果树或养花;另一种是将菌丝仍较好的料袋脱去塑料袋,搬至塑料大棚或果林下,覆盖营养土,适当喷水,可出1～2潮菇,出菇后,废料直接作肥料。

四、香 菇

香菇又名香蕈、香信,属担子菌纲、伞菌目、侧耳科、香菇属。香菇不仅味道鲜美,香气沁人,营养丰富,素有"植物皇后"美誉,而且还含有维生素D、原麦角甾醇以及香菇多糖,是一种良好的医疗保健食品,为我国传统的出口特产,备受我国及世界其他许多国家消费者的青睐。目前,我国是世界上香菇生产及消费最多的国家。香菇的人工栽培在我国有800多年的历史,过去主要是山区人们利用其特有的树木资源生产香菇,而如今香菇可以通过代料栽培进行生产,主要利用富含纤维素、木质素、半纤维素的木屑、作物秸秆和野草等材料作为培养材料的主要成分,适当配以富含有机质和维生素的麸皮、米糠以及石膏、碳酸钙等含无机盐的物质。香菇的原料来源广泛,生产地点灵活,在平原地区、城郊发展很快,已占栽培面积的95%以上。

1. 主要生物学特性

(1)植物学特征　香菇由菌丝体及子实体两部分构成。香菇菌丝白色、绒毛状,具横隔和分枝,多锁状联合,成熟后扭结成网状,老化后形成褐色菌膜。香菇子实体中等大小至稍大,其菌盖直径5～12厘米,扁半球形,边缘内卷,成熟后渐平展,深褐色至深肉桂色,有深色鳞片,菌褶白色,菌柄中生至偏生,白色,内实,常弯曲,长3～8厘米,粗0.5～1.5厘米,中部着生菌环,孢子椭圆形,无色,光滑。

(2)影响香菇生长的环境因子

①营养。香菇是木生菌,以纤维素、半纤维素、木质素、果胶质、淀粉等作为生长发育的碳源,但这些碳源要被相应的酶分解为单糖

第六章 大棚其他类蔬菜栽培技术

后才可以吸收利用。香菇以多种有机氮和无机氮作为氮源,小分子的氨基酸、尿素、铵等可以直接吸收,大分子的蛋白质、蛋白胨则需降解后才能吸收。在香菇菌丝的营养生长阶段,碳源和氮源的比例以(25~40):1为好,高浓度的氮源会抑制香菇原基分化,在生殖生长阶段则需要较高浓度的碳源。香菇菌丝生长还需要多种矿质元素,以磷、钾、镁最为重要。香菇生长也需要多种维生素、核酸和激素,这些物质多数可以由香菇自身合成,只有维生素 B_1 需要补充。

②温度。香菇菌丝生长的温度范围为5~24℃,适宜温度为23~25℃,温度低于10℃或高于30℃时影响其生长。香菇是低温和变温结实性的菇类。子实体形成的适宜温度为10~20℃,并要求有大于10℃的昼夜温差。目前生产中使用的香菇品种有高温型、中温型、低温型、广温型4种类型,其出菇适温高温型为15~25℃,中温型为7~20℃,低温型为5~15℃,广温型出菇温度范围较广,在5~28℃之间,但以10~20℃出菇最多,品质最好。

③水分。香菇所需的水分来自于两方面:一是培养基内的水分,二是空气中的水分。水分的适宜量因代料栽培与段木栽培方式的不同而有所区别。代料栽培:菌丝生长阶段培养料含水量为60%~70%,空气相对湿度为60%~70%;出菇阶段培养料含水量为50%~68%,空气相对湿度为85%~90%。

④空气。香菇是好气性菌类。在香菇生长环境中,若通气不良、二氧化碳积累过多、氧气不足,菌丝生长和子实体发育都会受到明显的抑制,会加速菌丝的老化,子实体易产生畸形,造成杂菌的滋生。新鲜的空气是保证香菇正常生长发育的必要条件。

⑤光照。香菇菌丝的生长不需要光照,在完全黑暗的条件下菌丝生长良好,强光则抑制菌丝生长。子实体生长阶段需要散射光,光照太弱时,出菇少、朵小、柄细长、质量次,但直射光又会对香菇子实体产生危害。

⑥酸碱度。香菇菌丝生长发育需要微酸性的环境,培养料的pH

一般为3.0~7.0,以5.0最适宜,pH超过7.5时生长极慢或停止生长。子实体发育的最适pH为3.5~4.5。在生产中常将栽培料的pH调到6.5左右,高温灭菌会使栽培料的pH下降0.3~0.5,菌丝生长中所产生的有机酸也会使栽培料的酸碱度下降。

2.大棚秋冬茬香菇代料栽培技术要点

(1)栽培料的配制 栽培料是香菇生长发育的基质,是香菇生长的物质基础,所以栽培料的好坏直接影响到香菇生产的成败以及产量和质量的高低。香菇生产上主要以木屑、棉籽壳为主料,常用的优良配方有如下几种:

①木屑78%、麸皮(细米糠)20%、石膏1%、糖1%,另加尿素0.3%,料的含水量为55%~60%。

②木屑78%、麸皮16%、玉米面2%、糖1.2%、石膏2%、尿素0.3%、过磷酸钙0.5%,料的含水量为55%~60%。

③木屑78%、麸皮18%、石膏2%、过磷酸钙0.5%、硫酸镁0.2%、尿素0.3%、红糖1%,料的含水量为55%~60%。

④棉籽皮50%、木屑32%、麸皮15%、石膏1%、过磷酸钙0.5%、尿素0.5%、糖1%,料的含水量为60%左右。

(2)装袋和灭菌 香菇袋栽一般选用幅宽15厘米、长55~57厘米的聚丙烯或低压聚乙烯塑料袋。先将塑料袋的一头扎起来,要边装料边抖动塑料袋,并把料压实,装好后把袋口扎紧。装好后若采用高压蒸汽灭菌,料袋必须是聚丙烯塑料袋。加热灭菌时随着温度的升高,锅内的冷空气要放净,当压力表指向1.5千克/厘米^{2}时,维持压力2小时不变,停止加热。灭菌后自然降温,让压力表指针慢慢回落到0位,先打开放气阀,再打开灭菌锅。使用常压蒸汽灭菌锅时,开始加热升温火要旺,从生火到锅内温度达到100℃的时间最好不超过4小时。当温度升到100℃后,用中火维持8~10小时,中间不能降温,最后用旺火猛攻一会儿,再停火焖一夜后出锅。

(3) 接种 出锅前先对冷却室或接种室进行消毒,把刚出锅的热料袋运到消过毒的冷却室或接种室内冷却,待料袋温度降到30℃以下时才能接种。

香菇料袋多采用侧面打穴接种。具体做法是把料袋运到接种室后,按无菌操作(同菌种部分)进行。侧面打穴接种一般用长55厘米塑料筒作料袋,接5穴,一侧3穴,另一侧2穴。先将打穴用的木棒的圆锥形尖头放入盛有75%乙醇的搪瓷杯中,乙醇要浸没木棒尖头2厘米,再将待接种的料袋搬到桌面上,用75%乙醇棉纱擦抹料袋朝上的侧面,进行消毒,再用木棒在消毒的料袋侧面打穴3个。1个穴位于料袋中间,其他2个穴分别靠近料袋的两端。然后把小枣般大小的菌种块迅速填入穴中,菌种要把接种穴填满,并略高于穴口,再用胶粘纸把接种后的穴封贴严。

(4) 菌袋培养 菌袋培养期通常称为发菌期,指从接种到香菇菌丝长满料袋并达到生理成熟这段时间。发菌棚内要干净、无污染源、干燥、通风、遮光等。发菌场地的气温最好控制在28℃以下。由于菌袋的大小和接种点的多少不同,一般要培养45~60天菌丝才能长满袋。这时还要继续培养,若菌袋内壁菌丝体出现膨胀,有皱褶和隆起的瘤状物,且逐渐增加,占整个袋面的2/3,手捏菌袋瘤状物有弹性松软感,接种穴周围稍微有些棕褐色,则表明香菇菌丝已达生理成熟,可进出菇棚转色出菇。

(5) 转色管理 菌丝生长发育进入生理成熟期后,表面白色菌丝在温、光、水、气、机械压力的刺激下,逐渐变成棕褐色的一层菌膜。转色的深浅、菌膜的薄厚直接关系到香菇原基的发生和发育,对香菇的产量和质量影响很大,是香菇出菇管理最重要的环节。脱袋转色要准确把握脱袋时间,即在菌丝达到生理成熟时脱袋。脱袋太早不易转色,太晚则菌丝老化,常出现黄水,易造成杂菌污染,或者菌膜增厚,香菇原基分化困难。脱袋时的大棚内温度要在15~25℃之间,最好是20℃。

(6) 出菇管理及采收 香菇菌棒转色后,菌丝体完全成熟,并积累了丰富的营养,在一定条件的刺激下,迅速由营养生长进入生殖生长,发生子实体原基分化和生长发育,即进入了出菇期。香菇属于变温结实性的菌类,一定的温差、散射光和新鲜的空气有利于子实体原基的分化。这个时期一般都揭去畦上罩膜,出菇棚的温度最好控制在 10~22℃,昼夜之间有 5~10℃ 的温差。如果自然温差小,还可借助白天和夜间通风的机会人为地加大温差。空气相对湿度维持在 90% 左右。条件适宜时,3~4 天菌柱表面褐色的菌膜就会出现白色的裂纹,不久就会长出菇蕾。此期间要防止空间湿度过低或菌柱缺水,以免影响子实体原基的形成。出现这种情况时,要加大喷水量,每次喷水后晾至菌柱表面不黏滑,而只是潮湿,盖塑料膜保湿。同时要防止高温、高湿,以防止杂菌污染,烂菌柱。一旦出现高温、高湿时,要加强通风,降温降湿。

菇蕾分化出以后,进入生长发育期。不同温度类型的香菇子实体生长发育的温度是不同的,多数菌株子实体在 8~25℃ 的温度范围内都能生长发育,适宜温度为 15~20℃,恒温条件下子实体生长发育良好,要求空气相对湿度为 85%~90%。随着子实体不断长大,呼吸作用加强,二氧化碳积累加快,要加强通风,保持空气清新,还要有一定的散射光。出菇期管理的重点是通过大棚进行控温保湿,空气相对湿度低时,可向墙上和空间喷水,增加空气相对湿度。

当子实体长到菌膜已破,菌盖还没有完全伸展,边缘内卷,菌褶全部伸长,并由白色转为褐色时,子实体已有八成熟,即可采收。采收时应一手扶住菌柱,一手捏住菌柄基部转动着拔下。整个一潮菇全部采收完后,要大通风一次。晴天气候干燥时,可通风 2 小时;阴天或者湿度大时可通风 4 小时,使菌柱表面干燥,然后停止喷水 5~7 天。让菌丝充分复壮生长,待采菇留下的凹点菌丝发白,就给菌柱补水。补水后,将菌柱重新排放在畦里,重复前面的催蕾出菇的管理方法,准备出第二潮菇。第二潮菇采收后,还是停水、补水,重复前面的管理方法,一般出4潮菇。有时拌料水分偏大,菌柱出第一潮菇时,水分损失不大,可以不用浸水法补水,而是在第一潮菇采收完后停水5~7天,再恢复前面的催蕾出菇管理。当第二潮菇采收后,再浸泡菌柱补水,浸水时间可适当长些。以后每采收一潮菇,就补一次水。冬季阴雨多湿,这时的菌柱经过秋冬的出菇,失水多,水分不足,菌丝生长也没有秋季旺盛,管理的重点是给菌柱补水,浸泡时间为2~4小时,还可结合补水补充些营养成分,如糖和微量元素。要注意保温保湿,空气相对湿度保持在85%~90%,并适当通风。

五、杏鲍菇

杏鲍菇学名刺芹侧耳,属于真菌门、担子菌纲、伞菌目、侧耳科、侧耳属。杏鲍菇不仅菌肉肥厚、质地脆嫩、味道清香、营养丰富,而且还具有降血脂、降胆固醇、促进胃肠消化、增强机体免疫力等功效,是近年来开发栽培较为成功的集食用、药用于一体的珍稀食用菌,在国内外市场上很受消费者欢迎。杏鲍菇市场行情较好,产量高且易于栽培,利用大棚栽培杏鲍菇有着广阔的发展前景。

1. 主要生物学特性

(1)植物学特征 杏鲍菇由菌丝体及子实体两部分构成。杏鲍菇菌丝白色,初期纤细,逐渐浓密蔓延,属单一型菌丝,有锁状联合。其子实体单生或群生,幼时淡灰色,菌盖内卷,呈波浪状,半球形,成熟后呈乳白色,中央浅凹至漏斗状,圆形至扇形,表面有丝状光泽,平滑、干燥;菌褶延生,密集、略宽、乳白色,边缘及两侧平滑,有小菌褶;菌柄长10~20厘米,偏心生至侧生,乳白色,中实,肉质纤维状,无菌环或菌幕。

(2)影响杏鲍菇生长的环境因子
①营养。杏鲍菇分解木质素、纤维素能力较强,需要有较丰富的营养,特别是氮源。氮源越丰富,菌丝生长越好,产量也越高。

②水分。杏鲍菇菌丝生长阶段,培养料含水量以60%~65%为宜,空气相对湿度为60%~65%;子实体的形成和发育阶段,相对湿度为85~95%。

③温度。杏鲍菇菌丝生长适宜温度为6~35℃,最适宜温度为25℃左右。子实体原基形成的适宜温度为10~18℃。子实体发育的温度因菌株而异,一般适宜温度为15~21℃,但是有的菌株不耐高温,以10~17℃为宜。超过18℃时容易发生病害,而低于8℃时子实体不会发生,也难生长。

④光照。杏鲍菇菌丝生长阶段不需要光照,在黑暗环境下会加快菌丝生长,子实体形成和发育需要散射光。

⑤空气。杏鲍菇菌丝生长和子实体发育都需要新鲜的空气,低浓度的二氧化碳对菌丝生长有促进作用。子实体生长阶段需充足的氧气,二氧化碳浓度以低于0.02%为宜。

⑥酸碱。杏鲍菇菌丝生长pH范围为4.0~8.0,适宜pH为6.5~7.5,出菇时的适宜pH为5.5~6.5。

2. 大棚秋冬茬杏鲍菇栽培技术要点

(1)时间安排　杏鲍菇出菇对温度要求比较严格,温度太高或太低都难以形成子实体。最好根据所选品种的出菇温度范围及所选用大棚类型,合理安排好生产季节。杏鲍菇的第一潮菇若未能正常形成,将影响以后的正常出菇。普通大棚秋冬茬杏鲍菇栽培一般在9月中旬制菌袋,10月下旬开始出菇。

(2)原料的选择　杏鲍菇栽培所需的原材料与其他食用菌一样,主要是棉籽壳、杂木屑、秸秆粉。生产上以木屑和棉籽壳混合使用效果最佳,辅助材料有麸皮、米糠、玉米粉、蔗糖、碳酸钙、石膏粉、白糖等。

(3)培养料制备

①木屑35%、棉籽壳40%、麦麸20%、玉米粉3%、石膏1%、蔗糖1%。

②杂木屑48%、棉籽壳22%、麦麸25%、玉米粉3%、白糖1%、碳酸钙1%。

③棉籽壳82%、麸皮10%、玉米面4%、磷肥2%、石灰2%。

④玉米芯50%、棉籽壳30%、麦麸15%、玉米粉3%、蔗糖1%、碳酸钙1%。

⑤木屑60%、麸皮18%、玉米芯20%、石膏2%、石灰适量。

⑥杂木屑73%、麸皮(或细米糠)25%、糖1%、碳酸钙1%。

以上各培养基的pH控制在6.5～7.5之间,料水比为1∶(1.1～1.4)。

(4)装袋、灭菌、接种与菌丝培养 杏鲍菇一般采用熟料袋栽方法生产,选用17厘米×33厘米低压聚乙烯塑料袋,每袋料干重500克、湿重1000克,装料松紧适度,常压灭菌100℃保持8～10小时,高压灭菌126℃保持1.5小时以上,冷却至28℃以下后按无菌操作进行接种。接种后置于室内或大棚内进行发菌培养,要求避光、干燥,保持温度在23～25℃,并注意通风换气,一般30天左右可长满袋。

(5)出菇管理 菌丝长满袋后,将菌袋移入经严格消毒后的出菇大棚,将菌袋按墙式堆叠排放。做好以下管理工作。

①温度的管理。温度是决定杏鲍菇生长和发育的重要因素,也是产量稳定的关键。杏鲍菇原基分化的温度与子实体生长发育的温度略有差别,原基分化的温度较低于子实体生长发育的温度。以较低的温度刺激原基形成(10～15℃),然后把栽培室温度控制在15～18℃,让子实体生长和发育。温度若超过20℃时,原基分化即停止,超过22℃时,已形成的小菇蕾则萎缩死亡。若遇到低温要注意适当关紧门窗,尽量提高室内温度,让子实体正常生长;若气温升高,则多喷水降温,尽量减少子实体萎缩死亡。

②湿度的管理。子实体的发生和生长阶段,水分管理极为重要。初期房间相对湿度要保持在90%左右,而在子实体发育期间和接近采收时,湿度可控制在85%左右,将有利于延长子实体的货架期。同

时要注意尽量不要把水喷到菇体上,特别在气温升高时,直接把水喷到菇体上容易使子实体发黄,严重时还会感染细菌,造成腐烂,影响子实体的产量和质量。

③光照与空气的管理。子实体发生和发育阶段均需要光照,气温升高时要注意不要让光线直接照射。子实体发育阶段还要求加大通风量,提供新鲜的空气。若通气好,菇蕾增多且菌盖正常开伞,朵型大且产量高。菌丝生长阶段在较暗条件下,菌丝生长速度加快,过于明亮则菌丝变黑,过于黑暗则菌盖变白,菌柄变长,所以以有散射光照射为宜。杏鲍菇菌丝生长阶段,二氧化碳对菌丝生长有促进作用,所以菌丝生长阶段对空气要求不太严格。原基形成需要充足的氧气,因此保持空气新鲜、氧气充足,才能使菇蕾生长正常。雨天时,空气相对湿度大,房间需注意通风,室温高时,特别注意要打开门窗通风。当气温上升到18℃以上时,在增加喷水以降低温度的同时,必须增加通风,避免因高温、高湿而造成子实体腐烂。

④病虫害防治。通常在低温时子实体不易发生病虫害,而在气温升高时易发生病虫害。主要病虫害是细菌、绿色木霉及菇蝇、菇蚊,绿色木霉是为害杏鲍菇的主要杂菌。管理上应加强通风和进行科学的温度调控,可预防病虫害的发生,一旦发生病虫害应及时把污染菌袋取出并处理。

(6)适时采收 杏鲍菇一般在现蕾15天左右为采收适期,此时菌盖即将平展,孢子尚未弹射。采收标准可依据需要而定,出口菇的规格要求为菌盖直径4～6厘米、柄长6～8厘米。采收时一手按住子实体基部培养料,一手握子实体下部,左右旋转轻轻摘下,也可用刀在紧贴面处将子实体切下。采收后,应及时用刀清除残面的菇脚。经过科学管理,在头潮菇采收后15天左右,便可采第二潮菇。采收的杏鲍菇产品应及时鲜销、贮存,也可制成干品或罐头。

第七章
大棚蔬菜主要病虫害识别与防治

大棚内高温高湿或低温高湿、光照不良、密闭与通风不好等不利环境条件,以及多年相同作物连作而不进行科学的轮作倒茬,为病虫害周年繁殖、蔓延、为害提供了适宜的条件和越冬场所,使病虫害种类增多,危害程度加重,给生产造成较为严重的损失。因此,要想获得大棚蔬菜的高产、优质,就必须做好大棚蔬菜病虫害的防治工作。本章将对大棚蔬菜生产中常见的主要病虫害为害特点(症状)、发生规律及防治措施进行介绍。在病虫害防治上要把握"预防为主、综合治理"的原则,在不得已选用药剂防治时,必须按国家相关规定使用高效、低毒、低残留的无公害农药。近阶段可依据病虫害的发生及当地农药市场的具体情况,尽量选择使用安全有效的药剂,尤其是首选药剂,以保证防治效果及产品质量的安全性。

一、大棚蔬菜主要害虫识别与防治

1. 蛴螬

(1)为害特点及发生规律 该虫寄主范围较为广泛,可为害瓜类、豆类、薯芋类等多种蔬菜。蛴螬往往在地下咬食幼苗根茎,致使植物生长衰弱,严重时甚至死亡,从而造成缺苗断垄。蛴螬在安徽一年发生1代,以幼虫或成虫在土中进行越冬,5~6月份成虫大量出土,晚上出来咬食植株。蛴螬的成虫具有假死性,尤为喜食豆类、莴苣、马铃薯、杨树等。

(2)**防治措施** 精耕细作,合理轮作,使用充分腐熟的有机肥;人工捕杀成虫和幼虫;药剂防治,首选药剂为50%辛硫磷颗粒剂,可在播种前或定植前均匀撒于地表,然后深耙20厘米,或撒在定植穴或栽植沟内,浅覆土以后再定植,也可用选48%乐斯本(毒死蜱)乳油1000倍液、50%二嗪农(地亚农)乳油1000倍液等进行灌根,或采用毒土、毒饵、喷杀等施药法防治。尤其要注意,在蔬菜幼苗期应慎用辛硫磷喷雾,以防对幼苗产生药害。

2. 地老虎

(1)**为害特点及发生规律** 该虫为害的范围较广,可以为害多种蔬菜。为害时以幼虫食叶,将植物的叶片咬成网孔状,严重时仅剩下叶脉,导致幼苗死亡,有时咬断幼苗嫩茎,造成幼苗断垄。地老虎每年发生多代,以蛹或老熟幼虫在土中越冬。成虫具趋光性及趋酸甜性等特点,黄昏后至夜里最为活跃,1~2龄幼虫多集中于嫩叶上,只啃叶肉留下表皮,3龄以后,往往白天躲于土表下,夜间出来咬断幼茎或嫩尖。一般地势低、潮湿、耕作粗放、黏土及杂草多的地方发生较为严重。

(2)**防治措施** 采用糖醋液(糖∶醋∶酒∶水=3∶4∶1∶2,加少量敌百虫)于傍晚时放入田间诱杀成虫;清晨于田间扒开断苗周围表土,人工捕捉幼虫;药剂防治,首选药剂为4.5%高效顺反氯氰菊乳油3000倍,或选其他新型拟除虫菊酯类农药进行防治,也可选用50%辛硫磷乳油1000倍液、48%乐斯本(毒死蜱)乳油1000倍液、5%抑太保(定虫隆)乳油1000倍液等进行防治。

3. 根蛆

(1)为害特点及发生规律 该虫寄主范围较广,主要为害瓜类、豆类、葱蒜类等蔬菜。为害时以幼虫群集在土中为害种子,取食胚乳或子叶,引起种芽畸形、腐烂而不能出苗;为害幼苗根茎部,造成萎凋和倒伏枯死,并传播软腐病。该虫为蚊蝇幼虫,一年发生 2~6 代,以蛹在土中越冬,第二年春天羽化的成虫在寄主附近的土表或根部产卵,孵化的幼虫即钻入寄主嫩茎内,幼虫能转株为害,老熟后在土中化蛹。成虫活泼,吸食肥料和花蜜,对未腐熟的粪肥及发酵的饼肥有很强的趋性。

(2)防治措施 施用腐熟的有机肥;采用糖醋液诱杀成虫;药剂防治,发生初期首选 75%灭蝇安(潜克)可湿性粉剂 3000 倍液或 5%锐劲特(氟虫腈)悬浮剂 2000 倍液进行喷雾加浇灌防治,也可选用 48%乐斯本(毒死蜱)乳油 1500 倍液、1.8%阿维菌素乳油 3000 倍液、0.5%甲维盐微乳剂 2000 倍液、4.5%高效氯氰菊酯乳油 1500 倍液、20%菊马乳油 3000 倍液等进行防治。

4. 蚜虫

(1)为害特点及发生规律 该虫的寄主范围较广,可为害瓜类、豆类、茄果类、白菜类等多种蔬菜。为害时以成虫或若虫在植物叶背面或幼嫩茎芽上群集,刺吸汁液,导致叶片卷缩畸形,严重时甚至枯死。同时蚜虫还能传播病毒,并在为害时排出大量的蜜露,污染叶片和果实,引起煤污病病菌寄生,影响光合作用。蚜虫一年发生 10 余代,以成蚜或若蚜为害,气温在 6℃以上时开始活动,繁殖适温为16~22℃,温度超过 25℃和相对湿度大于 75%时不利于其繁殖。通常干旱时植物受害重,高温高湿及雨水冲刷不利于其生长发育。

(2)防治措施 及时铲除杂草,清理田园,消灭虫源;采用黄板进行诱杀;选用银灰色薄膜进行避虫;药剂防治,发生初期首选 10%烯啶虫胺水剂2000倍液、10%氯噻啉可湿性粉剂3000～4000倍液、10%溴氰虫酰胺悬浮剂(倍内威)2000倍液或3%啶虫脒乳油2000～3000倍液等进行喷雾防治,也可选用20%呋虫胺水分散剂2000倍液、10%吡虫啉可湿性粉剂2000倍液、2.5%功夫乳油3000～3500倍液、4.5%高效氯氰菊酯乳油2000倍液、2.5%敌杀死乳油2000倍液、1.8%阿维菌素乳油3000～5000倍液、5%鱼藤酮乳油1000～1500倍液、40%乐果乳油1000倍液等进行喷雾防治。

5. 潜叶蝇

(1)**为害特点及发生规律** 该虫寄主范围较广,可为害多种蔬菜,尤其是瓜类、豆类、茄果类、白菜类等蔬菜。主要为害叶片,以幼虫潜入寄主叶片表皮下,曲折穿行,取食绿色组织,造成不规则的灰白色线状隧道,叶片上呈现出较白色弯曲的线状蛀边或上下表皮分条的泡状斑块。危害严重时,叶片组织几乎全部受害,叶片上布满蛀道,尤以植株基部叶片受害为最重,甚至枯萎死亡。潜叶蝇成虫还可吸食植物汁液,使被吸处形成小白点。该虫一年发生10余代,世代重叠,先为害老叶再为害新叶,由下而上发生、发展。

(2)**防治措施** 合理布局、轮作及调整播期;清理田园,人工摘除含虫的老叶,尽量减少虫源;合理密植,减少田间荫蔽,增强田间通透性;药剂防治,可在害虫发生初期首选75%灭蝇安(潜克)可湿性粉剂3000倍液、1.8%阿维菌素乳油3000～5000倍液或5%锐劲特(氟虫腈)悬浮剂2000倍液等进行喷雾防治,也可选用60克/升乙基多杀菌素悬浮剂(艾绿士)2000倍液、0.5%甲维盐微乳剂2000倍液、2.5%功夫乳油3000～3500倍液、4.5%高效氯氰菊酯乳油2000倍液、2.5%敌杀死乳油2000倍液、10%吡虫啉可湿性粉剂1500倍液、5%苦皮素1000倍液等进行喷雾防治。

6. 白粉虱

(1)为害特点及发生规律 该虫寄主范围较广,可为害多种蔬菜,尤其是瓜类、茄果类蔬菜。为害时先点片发生,然后逐渐扩大蔓延。白粉虱主要以若虫、成虫吸食植物汁液,使被害植物叶片褪绿、变黄、萎蔫,甚至全株枯死。白粉虱在吸食时可传播病毒,并分泌大量蜜液污染叶片及果实,引起煤污病,影响光合作用,使产品失去应有的商品价值。该害虫繁殖适温为18~21℃,在大棚保护地一年可发生10余代,以8~9月份为害较重,秋季棚室内易发生,冬季在冬暖式塑料薄膜大棚内仍可为害。白粉虱成虫喜群集生活,具有趋嫩性、趋黄性,多在植株顶部嫩叶上产卵。

(2)防治措施 及时清理残枝杂草,以清洁田园、减少虫源;采用黄色板诱捕成虫;可在棚内引入蚜小蜂进行生物防治;药剂防治,可于害虫发生初期首选3%啶虫脒乳油2000~3000倍液、20%呋虫胺水分散剂2000倍液、10%烯啶虫胺水剂2000倍液或10%溴氰虫酰胺悬浮剂(倍内威)2000倍液等进行喷雾防治,也可选用25%噻虫嗪水分散粒剂(阿克泰)8000倍液、2.5%联苯菊酯水乳剂1500倍液、4.5%高效氯氰菊酯乳油1500倍液、2.5%功夫乳油4000倍液、10%吡虫啉可湿性粉剂1500倍液等进行喷雾防治。

7. 瓜绢螟

(1)为害特点及发生规律 主要为害葫芦科瓜类,也可为害番茄等蔬菜。为害时幼龄幼虫在瓜类蔬菜的叶背取食叶肉,使叶片呈灰白斑。3龄后幼虫吐丝将叶或嫩梢缀合,匿居其中取食,使叶片穿孔或缺刻,严重时叶片仅剩叶脉,直至蛀入果实和茎蔓为害,严重影响瓜果产量和质量。瓜绢螟以老熟幼虫或蛹在枯叶或土表中越冬,第二年4月底羽化,5月份幼虫开始为害作物,7~9月份发生数量多,世代重叠,危害严重。

(2)防治措施 在幼虫发生初期,人工及时摘除卷叶,捕捉幼虫;清洁田园,减少虫源;药剂防治,在幼虫1~3龄时,首选10%稻腾(氟虫双酰胺·阿维菌素)悬浮剂1000倍液、10%除尽(溴虫腈)悬浮剂1500倍、1.8%阿维菌素乳油2000倍液或5%锐劲特(氟虫腈)悬浮剂2000倍液等进行喷雾防治,也可每亩选用8000~16000国际单位/毫克苏云金杆菌可湿性粉剂50~100克,加水50千克进行喷雾防治,或选用20%米满(虫酰肼)悬浮剂1500倍液、10.8%四溴菊酯乳油8000倍液、24%甲氧虫酰肼(雷通)悬浮剂750倍液、2.5%多杀霉素(菜喜)悬浮剂1000~1500倍液、21%灭杀毙乳油6000倍液、20%氰戊菊酯乳油3000倍液等进行喷雾防治。

8. 棉铃虫

(1)为害特点及发生规律 该虫寄主范围较广,可为害多种蔬菜,尤其是果菜类蔬菜。为害时以幼虫蛀食植物蕾、花、果,有时也蛀茎,并且食嫩茎、叶、芽等,造成落花落果。棉铃虫一年发生4代以上,以蛹在土中越冬,成虫白天潜伏在叶背等地方,晚上出来活动,卵散产于嫩叶、茎、花蕾上,高湿、多雨环境中易发生为害。

(2)防治措施 采用糖醋液诱杀成虫;药剂防治,在花期时首选10%稻腾(氟虫双酰胺·阿维菌素)悬浮剂1000倍液、10%除尽(溴虫腈)悬浮剂1500倍液或15%安打(茚虫威)悬浮剂3000倍液等进行防治,也可选用5%虱螨脲(美除)乳油1500倍液、20%氯虫苯甲酰胺(康宽)悬浮剂5000倍液、1.8%阿维菌素乳油2000倍、5%锐劲特悬浮剂2000倍液、10.8%四溴菊酯乳油8000倍液、5%抑太保乳油(定虫隆)1000倍液、2.5%多杀霉素(菜喜)悬浮剂1000~1500倍液、20亿/克棉铃虫核型多角体病毒可湿性粉剂1000倍液等进行喷雾防治,或每亩选用16000国际单位/毫克苏云金杆菌可湿性粉剂50克,加水50千克进行喷雾防治。

9. 黄守瓜

(1)为害特点及发生规律　主要为害葫芦科瓜类,也可为害十字花科、茄科、豆科等蔬菜。为害时以成虫、幼虫为害植株。成虫喜食瓜叶和花瓣,还可为害幼苗皮层,咬断嫩茎和食害幼果。叶片被食后形成圆形缺刻,影响光合作用,瓜苗被害后,常带来毁灭性灾害。幼虫在地下专食瓜类根部,重者使植株萎蔫而死,也可蛀入瓜的贴地部分,引起腐烂,使其丧失食用价值。黄守瓜喜温好湿,成虫耐热性强,北方一年发生1代,南方一年发生2~3代。以成虫在向阳温暖的枯枝落叶下、杂草丛及土缝中群居越冬,第二年气温高于10℃时开始活动。成虫有假死性,受惊扰时会坠落地面,白天受惊扰则迅速飞走。成虫为害瓜叶和花,因瓜叶繁茂,常不引起注意。秋季进入越冬场所,成为第二年的虫源。

(2)防治措施　防治黄守瓜首先要抓住成虫期,可利用其趋黄习性,用黄盆诱集,及时进行防治;防治幼虫时应在瓜苗初见萎蔫就及早施药,以尽快杀死幼虫。苗期受害程度比成株大,应列为重点防治时期。药剂防治,首选4.5%高效氯氰菊酯乳油1500倍液或10.8%四溴菊酯乳油8000倍液等拟除虫菊酯类杀虫剂进行喷雾防治,也可采用48%乐斯本乳油1000倍液、21%灭杀毙乳油6000倍液、5%鱼藤酮乳油1000~1500倍液等进行喷雾防治。

10. 叶螨

(1)为害特点及发生规律　该虫寄主范围较广,可为害多种蔬菜,尤其是茄果类、豆类蔬菜。为害时以若虫和成虫在叶背吸食汁液,使叶片失绿变黄变白,影响光合产物的形成,严重时叶片干枯,不能授粉,甚至整株死亡。叶螨一年发生10~20代,以成虫聚集在枯枝及土缝中越冬,平均温度在25℃以上、相对湿度在70%以下时繁殖最快,高温、干旱、少雨时发生为害最严重。

(2)**防治措施** 清除田间杂草和茎蔓落叶,消灭上茬虫源;药剂防治,可于虫害发生初期,首选1.8%阿维菌素乳油3000~5000倍喷雾进行防治,也可采用10%螨及死(喹螨醚)悬浮剂3000倍液、3%克螨特乳油2000~3000倍液、40%扫螨净乳油4000倍液、10%浏阳霉素乳油2000倍液、5%氟虫脲(卡死克)乳油2000倍、0.2%苦参碱水溶性液剂300倍液等进行喷雾防治。

二、大棚蔬菜主要病害识别与防治

1. 猝倒病

(1)**为害症状及发生规律** 从种子萌发到幼苗出土均可感染此病。幼苗感病后,茎基部呈水渍状,黄褐色,溢缩似线状,发软而后倒伏,病部表皮极易脱落,在苗床上表现为膏药状或死苗。当湿度大时,倒苗表面及附近床土表面长出白色、棉絮状菌丝。苗床温度忽高忽低、幼苗生长不良时,易感染此病。苗床温度低于15℃,又逢长期阴雨、不及时通风、遮光差时,更易发病。此外,床内空气湿度或床土湿度过高也是诱发此病的重要因素。

(2)**防治措施** 种子消毒,选用抗病品种;床土消毒,加强苗期管理;药剂防治,可于病发初期首选70%恶霉灵可湿性粉剂3000倍液进行喷雾防治,也可选用70%普力克水剂400倍液、25%甲霜灵可湿性粉剂500倍液、70%甲霜铜可湿性粉剂600倍液、50%安克可湿性粉剂1500倍液等进行喷雾防治。

2. 立枯病

(1)**为害症状及发生规律** 刚出土的幼苗及大苗均可发病。病苗茎基部变褐色,发病部收缩,茎叶萎垂枯死,稍大幼苗白天萎蔫,夜间恢复正常。当病斑绕茎1周后,幼苗逐渐枯死,但不呈猝倒状,病部初生椭圆形暗褐色斑,具同心轮纹及淡褐色蛛丝状霉层。以菌丝体或菌核在土中越冬,可在土中腐生2~3年,菌丝能直接侵入寄主,通过水流、农具传播。病菌发育最适温度为24℃,最高温度为40~42℃,最低温度为13~15℃,适宜pH为3.0~9.5。播种过密、间苗不及时、温度过高时易诱发此病,该病病菌可侵染多种园艺植物。

(2)**防治措施** 加强苗床管理,注意提高地温,科学通风,防止苗床或育苗盘高温高湿条件出现;用70%甲基托布津可湿性粉剂拌种;用50%敌克松可湿性粉剂1000倍液浇施苗床;病发初期可首选70%恶霉灵可湿性粉剂3000倍液或70%甲基托布津可湿性粉剂1000倍进行喷雾防治,也可选用20%移栽灵(恶霉·稻瘟灵)乳油2000倍液、20%甲基立枯磷乳油1200倍、5%井冈霉素可湿性粉剂1500倍液等进行喷雾防治。

3. 根腐病

(1)**为害症状及发生规律** 幼苗至大苗均可发病。病初根或根茎部出现水渍状、褐色、软化腐烂,不溢缩,维管束变褐色,病株萎蔫黄枯而死。湿度大时,病部长出淡粉色稀疏的霉层。高温高时易发病。

(2)**防治措施** 与葱蒜类作物轮作。平整土地,严防积水。喷施有效药剂:病发初期首选70%恶霉灵可湿性粉剂3000倍液进行防治,也可选用50%多菌灵可湿性粉剂500倍液、70%敌克松可湿性粉剂500倍液、77%可杀得可湿性粉剂500倍液、46.1%可杀得3000颗粒剂1000倍液等进行喷雾防治。

4. 霜霉病

(1)**为害症状及发生规律** 主要为害叶片,幼苗和成株都可受害。幼苗期发病,子叶正面发生不规则的褪绿黄褐色斑点,扩大后变褐色,子叶干枯、下垂,潮湿时病斑背面产生灰褐色霉状物。成株发病多从中下部叶片开始,叶背面出现水渍状、淡绿色小斑点,然后病斑逐渐扩大,变成黄褐色,受叶脉限制,病斑呈多角形。在潮湿条件下,病斑背面出现紫褐色或灰褐色稀疏霉层。严重时,病斑连成一片,全叶枯黄。黄瓜霜霉病是由鞭毛菌亚门假霜霉菌侵害引起,该病菌在病残体叶片上越冬或越夏,孢子囊靠气流和雨水传播,其适宜发病温度为16～24℃,温度低于15℃或高于30℃时较难发病。适宜的发病湿度为85%以上,特别在叶片有水膜时,最易被侵染发病。阴天多雨、湿度高、结露时间长、通风不良、排水不畅、肥料不足时易发病。

(2)防治措施 选用抗病良种;采用覆膜栽培、高垄栽培、膜下暗灌等措施控制棚内湿度;药剂防治,在病发初期首选25%烯肟菌酯乳油2000倍液、25%阿米西达(嘧菌酯)悬浮液2000倍液、68.75%杜邦易保水分散粒剂1000～1500倍液等进行防治,也可用50%烯酰吗啉可湿性粉剂1500倍液、50%安克可湿性粉剂1500倍液、72%克露可湿性粉剂600倍液、72.2%普力克水剂700倍液、70%甲霜铜可湿性粉剂600倍液、68.75%银法利悬浮剂1000倍液、77%可杀得可湿性粉剂400倍液、46.1%可杀得3000颗粒剂1000倍液、80%克霉灵可湿性粉剂400～500倍液、80%乙磷铝可湿性粉剂700倍液、0.3%苦参碱乳油600～800倍液等进行喷雾防治。喷雾时应尽量把药液喷到基部叶背,每7～10天喷1次,连喷2～3次。

5.角斑病

(1)为害症状及发生规律 瓜类蔬菜易发此病,叶片、叶柄、果实、茎均可发病,苗期至成株期均可受害。幼苗发病时,子叶上产生近圆形水浸状凹陷斑,以后变褐色干枯。成株发病时,叶片上初生针头大小水浸状斑点,病斑扩大,受叶脉限制呈多角形,黄褐色,湿度大时,叶背面病斑上产生乳白色黏液,干枯后质脆,易穿孔。茎、幼瓜条上病斑呈水浸状,近圆形至椭圆形,后呈淡灰色。病斑常开裂,潮湿时瓜条上病部溢出菌脓,病斑向瓜条内部扩展,沿维管束的果肉变色,一直延伸到种子,引起种子带菌。病瓜后期腐烂,有臭味,幼瓜被

第七章 大棚蔬菜主要病虫害识别与防治

害后常腐烂、早落。病原菌为细菌,可随病残体在土壤中越冬,种子亦可带菌。靠雨滴飞溅、昆虫、人等传播蔓延,从寄主自然孔口和伤口侵入,经7~10天潜育后出现病斑,潮湿时产生菌脓。病菌喜温暖潮湿的环境,发病适温为18~28℃,相对湿度在80%以上。

(2)**防治措施** 选用耐病品种;对种子进行消毒处理;药剂防治,于发病初期首选46.1%可杀得3000颗粒剂1000倍液进行防治,也可选用3%中生菌素可湿性粉剂600倍液、80%克霉灵可湿性粉剂400~500倍液、70%甲霜铜可湿性粉剂600倍液、72%农用链霉素4000倍液等进行喷施防治。以上药剂应交替使用,每隔7~10天喷1次,连续喷3~4次。喷药时须仔细地喷到叶片正面和背面,可以提高防治效果。铜制剂使用过多易引起药害,一般不超过3次。

6. 枯萎病

(1)**为害症状及发生规律** 瓜类蔬菜易发此病,多在开花结果后陆续发病。被害株先从茎基部叶片开始发病,叶片中午萎蔫下垂,似缺水状,早晚恢复正常,以后萎蔫叶片不断增多,逐渐遍及全株,早晚不能复原,并很快枯死。病株主蔓基部常纵裂,表面有脂状物溢出。空气潮湿时病部表面产生白色至粉红色霉层。纵切病茎,可见维管束变褐色。病株发病后易被拔起。该病由半知菌亚门真菌侵染所致,病菌以菌丝体、菌核和厚垣孢子随病残体在土壤越冬,可存活5~6年或更长的时间。病菌可通过种子、土壤、肥料、水、地下害虫等多种途径进行传播,从根部伤口、自然裂口及根冠细胞间隙侵入。温度在15℃以上开始发病,20~30℃为发病盛期。重茬、高湿、高温有利于病害发生,氮肥过多、磷钾肥不足、土壤偏酸、使用未腐熟有机肥、地下害虫和根结线虫多的地块病害发生严重。

(2)**防治措施** 选用抗病性较强的优良品种;进行合理轮作;采用营养钵育苗,嫁接防病;加强栽培管理,适当增施生物菌肥和磷、钾肥;对于保护地棚室连作栽培的地块,采用石灰稻草法或石灰氮进行土壤消毒,采用大水漫灌和高温闷棚进行土壤消毒。药剂防治,可于发病初期首选20%移栽灵(恶霉·稻瘟灵)乳油2000倍液加黄腐酸盐1000倍液进行灌根并喷叶,也可选用70%甲基托布津可湿性粉剂500倍液加50%敌克松1000倍液灌根,每隔5~7天灌1次,连灌2~3次。

7.白粉病

(1)为害症状及发生规律 瓜类、豆类蔬菜易发此病,叶茎均可受害,以叶片受害最为严重。发病初期,叶片正面或背面产生白色近圆形的小粉斑,而后逐渐扩大成片,如一层白粉。抹去白粉,可见叶面褪绿,枯黄变脆,直至整个叶片枯死。白粉病侵染叶柄和嫩茎后,症状与叶片上的相似,但没有叶片明显。该病由子囊菌亚门真菌侵染所致,病菌只能在活体上进行寄生生活,靠气流传播,流行温度为16~24℃。高温干燥、通风不好、排水不良、栽培密度过高、氮肥施用过多或过少、田块低洼时易发病。

(2)防治措施 选用抗病品种;加强肥水管理,及时整枝,保持通风良好,适当增施生物菌肥和磷、钾肥;药剂防治,可于发病初期首选40%福星(氟硅唑)乳油8000倍液、25%三唑酮可湿性粉剂2000倍液、晴菌唑12.5%乳油2500倍液、10%世高(苯醚甲环唑)水分散粒剂2000~2500倍液、43%戊唑醇悬浮剂3000~4000倍液等进行防治,也可用50%醚菌酯悬浮剂(翠贝)3000~4000倍液、43%好力克悬浮剂3000倍液、5%己唑醇悬浮剂1000~1500倍液、25%阿米西达悬浮液2000倍液、12.5%烯唑醇(速保利)可湿性粉剂3000~4000倍液、70%甲基托布津可湿性粉剂500倍液、25%敌力脱(丙唑灵)乳油1000~1500倍液、0.3%苦参碱乳油600~800倍液等进行喷雾防治。每隔7~10天喷药1次,连喷2~3次。

8. 灰霉病

(1) 为害症状及发生规律 多种蔬菜可感染此病，常见的有黄瓜灰霉病、番茄灰霉病、韭菜灰霉病等。灰霉病属低温高湿型真菌病害，主要为害花、果、叶、茎。病菌多从开败的雌花侵入，花蒂产生水渍状病斑，逐渐长出灰褐色霉层，引起花器变软、萎缩和腐烂。幼瓜病部先发黄，后期产生白霉并逐渐变为淡灰色霉层，导致病瓜生长停止、变软、腐烂脱落。叶片发病多由病花引起，病斑初为水渍状，沿叶脉间成 V 字形向内扩展，灰褐色，后变为不规则形的淡褐色病斑，边有深浅相间的纹状线，病健部分交界分明，有时病斑长出少量灰褐色霉层。茎部发病多在节上，当病斑绕茎一圈后，其上部萎蔫，植株死亡。该病由半知菌亚门真菌侵染所致，病菌以菌丝及分生孢子在病残体上越冬或越夏，保护地低温高湿、结露时间长、种植密度过大、光照不足、通风不良时易发病。

(2) 防治措施 及时清除病残体；加强栽培管理；药剂防治，于发病初期可首选 20％速克灵烟剂烟熏防治或喷洒 50％速克灵可湿性粉剂 1000～1500 倍液、62％赛德福水分散颗粒剂(嘧菌环胺＋咯菌腈)1500～3000 倍液进行防治，也可选用 40％施佳乐(嘧霉胺)悬浮剂 800～1200 倍液、50％啶酰菌胺水分散粒剂(凯泽)1000～1500 倍液、45％百菌清烟剂、50％扑海因可湿性粉剂 1000～1500 倍液、25％灰克可湿性粉剂 500 倍液、50％甲基托布津可湿性粉剂 500 倍液等进行防治。每隔 7～10 天喷药 1 次，连喷 2～3 次。

9. 疫病

(1) 为害症状及发生规律 多种蔬菜可感染此病，常见的有黄瓜疫病、辣椒疫病、番茄疫病、韭菜疫病等。疫病一般侵害根颈部，还可侵害叶、蔓和果实。叶片染病初期生暗绿色、水渍状不规则病斑，然后扩展呈软腐状，干燥时病斑变褐色，容易破裂；根颈部发病初期产生暗绿色水渍状病斑,病斑迅速发展,环绕茎基呈软腐状、缢缩,全株萎蔫枯死,茎部被害时呈水渍状暗绿色纺锤形凹陷,病部以上枯死。果实受害表现为水渍状暗绿色圆形凹陷,迅速蔓延至整个果面,果实软腐,病斑表面长出一层稀疏的白色霉状物。该病属鞭毛菌亚门真菌病害,病菌以菌丝体或卵孢子在病株残余组织内或未腐熟的肥料中越冬,通过风、雨水、灌溉水传播。病菌喜高温、高湿的环境,发病适温为20~30℃,温度低于15℃时发病受抑制。高温高湿、茎叶茂密、通风不良时发病严重。

(2)防治措施 选用抗病品种;轮作换茬;加强田间管理;采用营养钵育苗,嫁接防病;及时清洁田园,发现病株立即拔除;药剂防治,于发病初期首选25%阿米西达悬浮液2000倍液、50%安克可湿性粉剂1500倍液、72%克露可湿性粉剂600倍液等进行喷雾防治,也可选用0.3%苦参碱乳油600~800倍液、68.75%银法利悬浮剂1000倍液、50%甲霜铜可湿性粉剂600倍液、77%可杀得可湿性粉剂700倍液、80%乙磷铝可湿性粉剂700倍液、64%杀毒矾可湿性粉剂500倍液、72.2%普力克水剂800倍液、50%扑海因可湿性粉剂1000~1500倍液、58%雷多米尔锰锌可湿性粉剂500倍等进行喷雾防治。每7~10天喷1次,连喷2~3次。

10.蔓枯病

(1)为害症状及发生规律 瓜类蔬菜易发此病。此病主要发生在叶片和茎蔓部位,叶片染病最初出现黑褐色小斑点,以后成为圆形或不规则圆形病斑。发生在叶缘上的病斑,自叶缘向内形成V字形淡褐色病斑,后期病斑呈星状破裂。连续阴雨天气时病斑迅速发展,可遍及全叶,叶片变黑而枯死。茎蔓染病初期生出椭圆形至梭形水渍状病斑,后期干缩纵裂,并溢出黄色胶状物,严重时叶片干枯、茎蔓腐烂。该病病菌无性时代属半知菌亚门真菌,有性时代属子囊菌亚门真菌,以分生孢子器或子囊壳随病残体在土壤中越冬,或附着在种子、大棚架杆上越冬，随风雨和灌溉水传播，自气孔、水孔或伤口侵入。病菌在5～35℃的温度范围内可侵染植株内部为害，20～30℃为发育适宜温度，相对湿度高于85%利于发病。高温多湿、通风透光不良、施肥不足或植株生长弱时发病重。浇水后遇到连续阴天是发病严重的主要原因。

(2) **防治措施** 选用无病种子；对种子消毒；避免阴天浇水，浇水后如遇连续阴雨天，在中午进行短时间排湿；及时清除病残体，减少菌源。药剂防治，可于发病初期首选40%福星(氟硅唑)乳油8000倍液或25%三唑酮可湿性粉剂2000倍液加20%移栽灵乳油2000倍液喷雾防治(氟硅唑、三唑酮等三唑类杀菌剂易对西瓜等瓜类产生药害，应控制好药的浓度，且不宜在苗期使用)，也可用20%苯醚甲环唑微乳剂(捷菌)1000～1500倍液、50%醚菌酯悬浮剂(翠贝)3000～4000倍液、25%嘧菌酯悬浮剂1000～2000倍液、50%多菌灵500倍液进行浇灌，用70%敌克松500倍液、50%甲基托布津500倍液、30%倍生(苯噻氰)乳油1000～1500倍液等进行喷雾，也可灌根处理。

11. 病毒病

(1) **为害症状及发生规律** 多种蔬菜易发此病，尤其是瓜类、茄果类蔬菜受害较重。其发病症状主要有花叶型、条斑型、蕨叶型。花叶型在发病初期叶脉褪色呈半透明状，然后叶脉失绿，产生淡绿相间的花叶症状。条斑型在茎秆上形成暗绿色至深褐色的条纹，表面下陷并坏死，病果畸形，果面呈不规则褐色凹陷坏死斑。蕨叶型新叶变为近线状，病株明显矮小，黄绿色，中下部叶片向上微卷。该病是由多种病毒侵染引起的，其中主要的病原体有黄瓜花叶病毒、甜瓜花叶病毒、南瓜花叶病毒、烟草花叶病毒等。病毒主要在一些宿根性的杂草根上越冬，也可在棚室中越冬。病毒靠蚜虫等具刺吸式口器的昆虫、农事操作、汁液接触等途径进行传播。温度高、光照强、干旱、缺水、缺肥、管理粗放等情况下易发病。

(2)**防治措施** 利用抗性品种;采用10％磷酸三钠溶液进行种子消毒20～30分钟;延期播种避病;使用无毒种苗、铲除杂草、消灭带毒昆虫以及加强栽培管理;在病毒病易发季节选用10％宁南霉素可溶性粉剂1000倍液、2％氨基寡糖素水剂400倍液、3％三氮唑核(苷病毒唑)水剂500倍液、3.85％病毒必克可湿性粉剂500倍液、50克高锰酸钾和50克硫酸锌兑水15千克、7.5％克毒灵水剂600倍液等进行喷雾防治。

12. 根结线虫病

(1)**为害症状及发生规律** 多种蔬菜易发此病,尤其是黄瓜、番茄等大棚蔬菜。此病仅为害根部,发病初期植株的须根或侧根根系生有米粒大小的疙瘩,严重时根部肿大,影响水分、养分吸收;轻病植株地上部分症状表现不明显,发病严重时植株明显矮化,结果少而小,叶片褪绿发黄,晴天气温高或干旱时,植株地上部分出现萎蔫或逐渐枯黄,最后植株枯死。该病是由线虫为害所致,幼虫或卵随病残体在土壤中越冬,以土壤、病株、流水传播,直接侵入植株。生存适宜温度为25～30℃,土壤含水量为50％左右,一年发生2～3代,条件适宜时20～30天完成1代。

(2)**防治措施** 选用无病苗;彻底清除病残体;施用腐熟有机肥;合理轮作;高温闷棚杀虫;药剂防治,定植前处理土壤,首选3％线虫绝杀5千克/亩,或50％克线磷颗粒剂300～400克/亩、3％米乐尔颗粒剂5千克/亩,均匀撒于定植沟内,而后栽苗。也可用1.8％阿维菌素乳油1500倍液或50％辛硫磷乳油1000倍液灌根,每株灌0.25千克,或每亩沟施或穴施淡紫拟青霉颗粒剂2～3千克。

13. 炭疽病

(1)**为害症状及发生规律** 保护地多种蔬菜易发此病,在蔬菜整

第七章 大棚蔬菜主要病虫害识别与防治

个生育期均可发病。炭疽病主要为害叶片和果实,也可为害叶柄、茎蔓。叶片染病初期生出圆形至纺锤形或不规则形水浸状斑点,有时出现轮纹,干燥时病斑易破碎穿孔,潮湿时叶面生出粉红色黏稠物。叶柄或茎蔓染病初期生出水浸状淡黄色圆形斑点,稍凹陷后变黑色,严重时环绕茎蔓一周后植株枯死。果实染病初期生出水浸状褐色凹陷病斑,凹陷处常龟裂,湿度大时病斑中部产生粉红色黏状物,严重时病斑连片腐烂。该病由半知菌亚门真菌侵染所致,病菌以菌丝体或拟菌核在土壤中的病残体上或种子上越冬,主要通过流水、风雨及人们生产活动进行传播。温度20~24℃、相对湿度90%~95%时易发病,高温、低湿不利于发病。此外,过多施用氮肥、排水不良、通风不好、密度过大、植株衰弱和重茬种植时发病严重。

(2)防治措施 选用抗病品种;对种子消毒,培育无病壮苗;在重病地块实行轮作,合理施肥,减少氮素化肥用量,增施钾肥和有机肥料;覆盖地膜或滴灌;药剂防治,于发病初期首选40%福星(氟硅唑)6000倍液、25%阿米西达(嘧菌酯)悬浮剂1000~2000倍液、50%咪酰胺可湿性粉剂(施保功)2000~3000倍液、10%世高(苯醚甲环唑)水分散粒剂2000倍液等进行防治,也可用68.75%杜邦易保水分散粒剂1000~1500倍液、77%可杀得可湿性粉剂500~800倍液、70%甲基托布津可湿性粉剂800倍液、80%炭疽福美可湿性粉剂800倍液、75%百菌清可湿性粉剂600倍液等进行喷雾。每7~10天喷1次,连喷2~3次。

14.菌核病

(1)为害症状及发生规律 保护地多种蔬菜易发此病,尤其是莴笋、生菜、番茄以及瓜类蔬菜,植株从苗期至成株期均可被侵染。植物受侵染后,先呈水渍状,后扩大至全部腐烂,病株叶片变黄凋萎,直至全株枯死。病部先生白色菌丝块,最后在发病部位由菌丝体集结成结构松紧不一、表面光滑或粗糙、形状、大小、颜色不同的菌核。该病由子囊菌亚门真菌侵染所致,病菌以菌核随病残体在土壤中或混在种子里越冬,20℃左右、85％以上的相对湿度有利于其生长繁殖和侵染,高湿、低温尤易发病,连茬种植、偏施氮肥、土壤水分偏大时发病严重。

(2)**防治措施** 清除田间落花、落果和病残体,集中烧毁或深埋;深翻土壤,加强栽培管理;药剂防治,于发病初期首选50％甲基托布津可湿性粉剂500倍液或喷洒50％速克灵可湿性粉剂1000～1500倍液进行防治,也可选用40％菌核利可湿性粉剂1000倍液、50％农利灵可湿性粉剂600倍液、50％扑海因可湿性粉剂1000～1500倍液、25％灰克可湿性粉剂500倍液、50％多菌灵可湿性粉剂1000倍液等进行防治。每隔7～10天喷药1次,连喷2～3次。

参考文献

[1] 范盛华,陈廷平.杏鲍菇栽培技术[J].现代农业科技,2008(21):59—62.

[2] 傅连海,张如玖,郭红芸.冬暖节能大棚蔬菜栽培技术[M].北京:农业出版社,1992.

[3] 郭世荣,王丽萍.设施蔬菜生产技术[M].北京:化学工业出版社,2013.

[4] 韩召军,杜相革,徐志宏.园艺昆虫学[M].北京:中国农业大学出版社,2001.

[5] 李怀方,刘凤权,郭小密.园艺植物病理学[M].北京:中国农业大学出版社,2001.

[6] 李育岳,汪麟,汪虹,冀红.食用菌栽培手册(修订版)[M].北京:金盾出版社,2012.

[7] 吕佩珂等.中国蔬菜病虫原色图谱[M].北京:中国农业出版社,2002.

[8] 徐坤,刘桂军,刘世琦,康立美.节能日光温室与蔬菜高效益栽培[M].济南:山东科学技术出版社,1991.

[9] 尹守恒,廖国梁.瓜类蔬菜实用栽培技术[M].北京:中国农业科学技术出版社,2011.

[10] 郑建秋.现代蔬菜病虫鉴别与防治手册(全彩版)[M].北京:中国农业出版社,2004.

[11] 朱振华.寿光棚室蔬菜生产实用新技术[M].济南:山东科学技术出版社,2001.